U0385350

CMF设计教程

产品色彩·材料·工艺·图纹创新设计方法

李亦文　黄明富　刘锐　编著

化学工业出版社

·北京·

本书系统讨论了CMF设计方法的由来、发展现状和未来趋势，深入剖析了CMF设计方法的独特视角，完整阐述了CMF设计方法的知识框架，特别是材料、工艺与设计关联性方面的内容，具体介绍了CMF设计方法的基本规律和操作流程。从产品的色彩、材料、工艺和图纹四大要素出发，以图文并茂的手法深入浅出地阐述了CMF设计创新设计方法的原则和技巧。

本书适合普通高校设计艺术类专业的师生教学使用，也可供从事产品设计和CMF设计的职业设计师和管理者阅读参考。

图书在版编目（CIP）数据

CMF 设计教程/李亦文，黄明富，刘锐编著. —北京：
化学工业出版社，2019.10（2024.8重印）
（汇设计丛书）
ISBN 978-7-122-35228-6

Ⅰ.①C… Ⅱ.①李…②黄…③刘… Ⅲ.①产品设计-教材 Ⅳ.①TB472

中国版本图书馆CIP数据核字（2019）第205446号

责任编辑：李彦玲　　　　　　　　　　　　装帧设计：王晓宇
责任校对：宋　玮

出版发行：化学工业出版社（北京市东城区青年湖南街13号　邮政编码100011）
印　　装：北京宝隆世纪印刷有限公司
787mm×1092mm　1/16　印张11　字数246千字　2024年8月北京第1版第8次印刷

购书咨询：010-64518888　　　　　　　　售后服务：010-64518899
网　　址：http://www.cip.com.cn
凡购买本书，如有缺损质量问题，本社销售中心负责调换。

定　　价：68.00元

《CMF设计教程》是一部有关CMF设计的教科书。撰写这本书也是因为一个偶然的机会。记得是在2017年，我作为国际CMF设计奖（CMF DESIGN AWARD）的评委，参加了在广州举行的第一届"国际CMF设计大会"，开会期间感触非常深，作为从事工业设计教育35年的老学究，突然发现企业界在设计细分领域的研究远远走在了教育界的前面，在我印象中CMF只是产品设计的一个环节，而在企业界，今天已成为了新兴行业。

在与中国CMF设计军团团长黄明富先生的交谈中得知，CMF设计在目前企业界存在较大的人才缺口，就目前从业人员的现状看大多数是转行过来的，在专业知识方面还存在着再学习的现象，但是，目前还没有一本系统介绍CMF设计的专业书籍或教材，很明显CMF设计人才的培养是严重滞后的。虽然目前有一些较为专业的CMF设计培训班，但培训的规模和速度还远远跟不上企业对CMF设计人才的需求。

作为一位从教35年的老学究，撰写有价值的教材是我多年养成的职业习惯，因此，2017年我就和黄明富先生商量是否一起策划撰写一本CMF设计的专业教材，为CMF设计的推广和人才培养做点实事。

由于CMF设计是企业界在产品设计的细分市场中自发开展的一种目的性和应用性极强的情感消费型设计实践，目前还缺乏完整的理论支撑，但近几年各大企业做了大量的具有探索性、实验性的CMF设计实践，我们已经可以从中看到CMF设计的基本轮廓，已具备了成书的先决条件。

黄明富先生从CMF设计专业的角度为本书提供了较为完整的框架性资料，并撰写了初稿；刘锐女士为本书的配图编辑和相关细节资料的验证复核做了大量的工作。在黄明富先生和刘锐女士的通力合作下，我花费了近一年的时间，在黄明富先生的初稿之上进行了二次发挥，加入了许多个人观点，终于将CMF设计的发展脉络、知识框架、行业现状和职业特征较为系统地整理了出来并撰写成书。

我们希望这本教程，无论是对目前的专职 CMF 设计师、产品设计师和工业设计师，还是对各大专院校在读的产品设计、工业设计和其它艺术设计专业的学生，都能够有所帮助。

由于 CMF 设计是这几年才开始兴起的产品设计细分领域，相关的理论研究比较匮乏，因此作为第一本教材，主要还是以理清 CMF 设计的基本概念、存在的意义和相关的知识框架为主，在观点上许多方面只是一孔之见，可能在逻辑关系上还缺乏推敲，在细节上也存在不少的漏洞，因此，此书仅作抛砖引玉，欢迎大家批评指正。

李亦文

于南京艺术学院

2019 年夏

南京艺术学院教材立项编号 JWLYWCP16

目录

03

第三章
CMF材料与工艺概述 / 076

第四章
CMF 塑 料 与 成 型 工 艺 / 088

第五章
CMF 金 属 与 成 型 工 艺 / 108

06

第六章
CMF精密陶瓷、玻璃与工艺 / 124

07

第七章
CMF装饰材料与产品表面处理工艺 / 134

参 考 文 献

后 记

01
Chapter

CMF Design Course

第一章

CMF设计概述

CMF设计的价值是赋予产品外表"美"的品质，创造产品功能之外的与消费者对话的产品灵魂。创造美产品、会交心的产品本身就是一门艺术，需要专业的知识与素养，所以CMF设计的基础所依托的是艺术设计学科。但是由于CMF设计所涉及的行业大都是与大工业批量化生产有关，所以CMF设计的知识体系还涉及材料科学和工程制造学科，只有这样，CMF设计才能够更好地实现产品转化。

除此之外，CMF设计所对接的是市场化和商业化产品，所以CMF设计的知识体系还包含了社会形态和市场趋势研究领域。因为CMF设计只有根植在全球政治、经济、文化、产业、竞争对手的信息场和数据库中，时刻掌握产品的市场导向，消费者心理流变，才能找到正确的市场落点，在企业旧物种（原有）的产业链平台上，以最为合理的成本通过CMF设计的创新触点，体现出最大的设计竞争力，这就是CMF设计。

1.1 CMF概念

CMF的概念乍听起来好像离我们日常很远，因为很多人还是第一次听到，对它非常陌生。其实CMF就是由英文color（色彩）、material（材料）和finishing（加工工艺）三个单词的第一个字母所组成的缩写名称。

这样看来，CMF是我们日常生活中再熟悉不过的概念了。我们身边的任何物体都是材料（M）构成的，而物体形态的形成是材料在外力作用下的结果，而外力作用其实就是我们所说的加工工艺（F），而物体形态之所以被我们看到（视觉感知到）是因为不同材料在光的照射下所出现的"反射差"现象，也就是我们所说的色彩（C）。可见色彩、材料和加工工艺是构成人类所能感知到这个物质世界的三大基本要素。

不过这里我们所讨论的CMF特指设计界一个新兴职业的知识体系和设计方法，也就是广泛应用于汽车、家电、消费电子等行业中的以"产品色彩、材料与加工工艺"为触点的CMF设计方法和CMF设计师职业。

1.1.1 CMF设计溯源

从目前的研究资料看，尚无法确认CMF概念首次提出的具体人物和国家。应该说最初的CMF概念并不是今天作为产品市场竞争中"从产品色彩、材料和加工工艺的触点出发，全面提升产品竞争优势"的一种专业化技能，而应该是设计教学过程中的基础训练的内容。

据考证在20世纪二战后的英国艺术设计预科教学（F Course）中就有相关的内容，特别是在面料设计、时尚珠宝设计、产品设计、陶瓷设计、室内设计等专业方向的预科教育中。当然再往前推，在包豪斯时期伊顿的教学中也有类似的内容，见图1-01。

而更为商业化的CMF概念应该与20世纪60年代时尚界对流行色的关注有关。随着资本主义大工业的发展，时装业首先成为了市场竞争的焦点，1963年由英国、奥地利、比利时、保加利亚、法国、匈牙利、波兰、罗马尼亚、瑞士、捷克、荷兰、西班牙、德国、日本等十多个国家联合成立了国际流行色委员会（总部设在法国巴黎）。该组织决定每年举行两次会议，为设计师、颜料制造商、面料制造商、配件制造商和消费者制定出第二年春季和秋冬季的流行色色谱，预测下一年的流行趋势。

时尚界的流行色导向为商家提供了巨大的商机，因此在此基础上，各国纷纷根据本国情况开始效仿，采用、修订并发布本国的流行色。世界各国的色彩研究机构、时装研究机构、染料生产集团开始联合，并加入到发布流行色的行列。

染（色）料厂商会根据流行色的色谱生产染料，时装设计家会根据流行色设计新款时装，报纸、杂志、电台、电视会在流行色指导下将新设计进行宣传并推广给消费者。

图1-01 伊顿对色环的研究和包豪斯时期的色彩设计实践中可以看到CMF的原始状态（图片来源：德国柏林包豪斯博物馆）

这种通过流行色引领市场的营销设计方法非常成功，成为了设计机构、生产厂家和消费者对未来市场趋势走向预测的重要依据，直至今天，流行色依然在发挥着重要作用。图1-02是PANTONE公司发布的流行色的部分色系图片。

图1-02 PANTONE公司发布的部分色系流行色图片（图片来源：PANTONE公司官方发布资料）

到了20世纪80年代，随着电子工业和制造业的快速发展，产品设计进入了主流市场的视野，各类的家用电器、汽车和电子产品成为人类生活中重要的组成部分，流行色引领市场的营销设计方法也自然成为产品设计领域效仿对象。色彩、材料和加工工艺不仅是艺术设计基础训练的内容，也可以成为流行元素在市场竞争中崭露头角。此时CMF的商业化概念开始在全球的大型制造企业中酝酿，并成为产品外观设计竞争力的重要触点。

在各大国际型大企业和设计企业中，对产品色彩、材料和加工工艺在市场表现效果的关注和研究最早可溯源到汽车行业和电器行业。例如德国大众在20世纪中期就有了色彩设计师岗位，随后不久还建立了独立的色彩设计团队。到了20世纪末，荷兰飞利浦、美国摩托罗拉、韩国三星等企业也开始有了以色彩与材料为触点的CM设计团队。

在21世纪开启之际（2000年），CMF概念开始在亚洲的一些大型企业（例如韩国三星、日本索尼等）中正式提出。21世纪初，随着国际跨国大企业将制造业大规模迁入中国，中国在成为了世界制造工厂的同时，跨国大企业也将发展中的CMF技术带入中国。从2004年开始CMF正式在中国生根，首先是韩国三星，进而诺基亚、海尔、联想，随后是广汽、美的、小天鹅、博世、西门子（中国）、东风启辰、海信和格力等纷纷正式设立CMF设计师岗位，组建CMF专业团队和成立CMF部门。与此同时，涂料、材料加工制造等企业也开始大力开设各类CMF的服务。在企业的推动下目前CMF设计已在中国开启了职业化发展道路。

2005年杨明洁先生创办的YANG DESIGN设计咨询公司率先从德国引入了领先的趋势预测工具，为波音等客户完成了众多趋势研究项目。CMF（色彩、材料与表面处理）是趋势研究中的一个环节。YANG DESIGN CMF创新实验室创建于2005年，其职责包括：研究CMF的基础综合理论，并跟踪各领域的最先进技术；提出最符合产品的CMF设计与实施方案；定期提出未来2～10年后的流行趋势。其中《中国设计趋势报告》是每年一度的、具有前瞻性的项目（见图1-03）。

图1-03　YANG DESIGN CMF创新实验室外景和室内照片（图片来源：YANG DESIGN公司官方发布资料）

虽然CMF概念的产生源于企业，而企业对人才的需求也影响到了高等院校。目前清华大学、华中科技大学、江南大学、广州美术学院、西安美术学院、湖南大学、北京服装学院等已经针对CMF设计进行了相关研究。湖南大学、西安理工大学、清华大学、江南大学、广州美术学院已建立了CMF实验室。北京服装学院色彩研究生专业2008年起就开设了CMF课程。西安美术学院2016年开始开设了本科CMF设计课程。广州美术学院2018年开始招收CMF（色彩/材料）产品策略研究方向的研究生。现如今越来越多的高校也开始加大了对于CMF的研究和CMF设计的教学课程。

2014年，由江南大学和全球性知名涂料解决方案供应商"卡秀堡辉"控股有限公司（CMW）专门针对工业设计细分领域策划的《中国首届CMF趋势研讨会》在无锡召开，论坛邀请了国内外的诸多设计师品牌参加。论坛吹响了CMF在中国发展的集结号，催生了中国CMF设计军团的成立（2016年），开启了国际CMF设计大会和国际CMF设计奖诞生（2017年）。每年一次的国际CMF设计大会和国际CMF设计奖的举办，为中国专业化发展CMF设计建立了可持续的交流空间（见图1-04）。

图1-04　2017国际CMF设计大会现场照片（图片来源：CMF军团资料）

而由中国CMF设计军团在中国深圳建设的CMF综合馆，为CMF设计知识的传播和推广构建了资源共享的合作平台（见图1-05）。

图1-05　CMF设计军团CMF设计综合馆（图片来源：CMF军团资料）

　　与此同时越来越多的企业也开始关注CMF领域，例如深圳市寻材问料网络科技有限公司也在深圳总部设立起了创新材料馆（见图1-06）。

图1-06　深圳市寻材问料网络科技有限公司在深圳总部设立了创新材料馆
（图片来源：深圳市寻材问料网络科技有限公司官方发布资料）

1.1.2　CMF概念解读

　　CMF是英文单词Color、Material、Finishing的缩写，其含义是指针对产品设计中有关产品"色彩、材料和加工工艺"进行专业化设计的知识体系和设计方法。CMF设计方法的提出是产品设计专业化发展过程中的必然，也是大工业分工在设计行业的具体体现。

　　在制造型企业的设计部门当中，我们已有了ID设计、UI设计、UX设计、平面设计、包装设计等几个大设计分工。而CMF设计作为一个关注"色彩、材料和加工工艺"的独立设计岗位，在大型企业中已成惯例，并且需求有扩大的趋势。

CMF设计是一种集设计、工程和供应链管理为一体的设计方法。从学术角度看，CMF设计是以产品的"色彩、材料和加工工艺"为触点，研究产品品质与用户心理体验的对应关系。从商业角度看，CMF设计更多地依赖市场发展趋势与用户需求，对产品"色彩、材料和加工工艺"做出对应选择，在同类产品中形成独特的竞争力。从方法角度看，CMF设计是重实践、重科学、重艺术、重趋势的设计方法。从属性角度看，CMF设计是工业社会市场经济高度发展的产物，是一种提升产品视觉品质竞争力的专业化新型工种、专业化新型设计模块、专业化跨行业交叉学科的特殊技能。

虽然CMF从字面上只有"色彩、材料和加工工艺"，但是在具体的设计中却包含了四大要素，除了Color（色彩）、Material（材料）、Finishing（加工工艺）三个要素外，还有一个重要的、我们容易忽视的要素——Pattern（图纹）。原先许多材料的Pattern（图纹）是自然形成的，然而，在如今的CMF设计中，Pattern（图纹）的设计成为了整体设计不可分割的重要部分，因此现如今在CMF设计领域讲的是四大要素，即CMFP，而不是三要素CMF。

CMF设计是四大核心元素之间相辅相成和相互制约的学问。

色彩（Color）是产品外观效果的首要元素，是人类视觉直观感受最为重要的部分，同样的造型采用不同的色彩，最终呈现的外观效果会有很大差别，并且带给消费者的感觉也千变万化，所以色彩是产品外观品质创意的重要源泉。当然没有材料与工艺的支持，色彩就没有施展其魅力的载体和平台。

所以材料（Materia）是产品外观效果实现的物质基础和载体。其实材料是决定工艺、色彩和性能的先决条件。新型材料与材料的新应用对CMF设计的重要性是不言而喻的，因为它们为产品创意提供了广阔的空间和丰厚的土壤。没有材料，无论是工艺还是色彩都将只是空中楼阁。

加工工艺（Finishing）是产品成型及外观效果实现的重要手段。工艺包括成型工艺和表面处理工艺两大类别。材料离开工艺不成型，没有型亦不成器，产品亦不成立。所以加工工艺与材料之间相辅相成的关系是产品构建的基础，无论是产品的结构，还是产品的外观，都是材料与工艺互助的结果，当然也包括色彩。工艺决定了可适用的材料与可实现的色彩（见图1-07）。

图1-07　不同工艺决定可适用的产品材料和与之相关的外观特征

CMF 设计重点关注的是产品外表与消费者心理认同的美学价值，设计触点更多的是在精神层面，所以产品表面的图纹（Pattern）是产品精神符号的外显，对 CMF 设计而言是产品外观品质升华的重要因素。因此，图纹（Pattern）与色彩、材料和工艺合为一体将能大大提升产品的精神品质（见图 1-08）。

图 1-08　不同的 CMF 设计手机保护壳，给消费者提供了不同的情感属性

VIVO X27 粉黛金　　VIVO X27 雀羽蓝　　三星 S10+ 皓玉白

三星 S10+ 琉璃绿　　华为 P30 PRO 赤茶橘　　华为 P30 PRO 天空之境

图纹在 CMF 设计中主要包括两个方向：一个是装饰性；一个是功能性。如今的图纹设计不仅包括二维图形的符号特征，也包括三维立体肌理特征。随着设计多维度的发展，深层次提升图纹设计的符号含义和视觉体感是 CMF 设计的重要课题。当然图纹视觉效果和情感魅力的实现将会受限于色彩、材料与工艺（见图 1-09）。

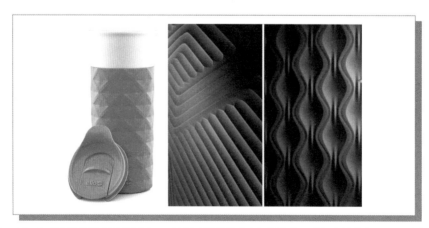

图 1-09　三维立体肌理的图纹设计，无论是在视觉情感上还是在使用功能上均发挥了重要的作用

因此，从逻辑概念看，材料是基础，"工艺"是手段，"色彩"是情感，而"图纹"是语言。"色彩""材料""工艺""图纹"（CMFP）之间是相辅相成的统一体，缺一不可。

从知识体系来看，CMFP是材料学、工程学、艺术学和设计学的大融合。CMF设计是从市场趋势、设计创意、生产制造、质量管理的视角，全面提升了企业的产品综合品质和服务质量。因此CMF设计是企业在商业设计中赢得竞争优势的重要方法。

图1-10　汽车方向盘CMF设计

CMF设计遍及我们生活的方方面面，是联系、互动于设计对象与消费者（用户）之间深层的情感（感知系统）认同。CMF设计多是应用于产品设计中对色彩、材料、加工和图纹等设计对象的细节处理。例如具体关门的声音是否符合消费者的感觉取决于门的材料，把手的传热效果是否符合消费者的感觉取决于表面加工，汽车方向盘能否给驾驶者带来充分的安全感取决于结构紧凑感和表面的手握感（见图1-10）。

1.2　CMF设计定义

什么是CMF设计？从职业的角度，CMF设计是一种针对大工业量产化产品表情的设计工作和职业。从方法的角度，CMF设计是一种以艺术学（美学）、设计学、工程学、社会学等交叉型学科知识为背景的，融合趋势研究，立足产品CMFP创新理念，依托消费者心灵情感认知，追求产品人性化表情的设计方法。

从设计的性质来分析，CMF的设计可分为：新产品的CMF设计、老产品的CMF再设计和先行CMF设计。

（1）新产品的CMF设计

指的是企业产品开发的第一代产品，全新的产品功能结构设计，全新的ID设计，当然也是全新的CMF设计。新产品的CMF设计是产品功能结构设计和ID设计的延续，在设计定位上是一种附属关系。产品的核心竞争力主要在产品的新功能上和新造型上。

例如民用拍摄无人机属于新物种，在5年前才进入百姓视野。虽然无人机技术最早出现在20世纪20年代第一次世界大战期间，作为一种军用产品在发展。而民用无人机却相对滞后，到了2005年左右，真正技术稳定的多旋翼无人机自动控制器才被制作出来，虽然续航时间较短、稳定性较差，但这种小型飞行器因其小巧、稳定、可垂直起降等优点，受到了不少高端玩家的追捧。到了2010年，相关的技术开始成熟，法国Parrot公司推出了首款可以直接与iphone连接来操纵的四旋翼飞行器Parrot AR.Drone，并且可以用wifi直接把前摄像头拍摄的图片传到手机上。到了2015年8月，深圳大疆推出了入门级新飞手的大疆精灵3航拍无人机，从此让无人机开始真正走入了寻常百姓家。大疆的第一代大疆精灵3应该说是属于民用机的新物种，在产品设计上没有太多的竞争压力，所以主要关注的是产品造型合理性和非专业人士操控的简便化，很明显在CMF设计方面自然只是作为配角来考虑（见图1-11）。

图1-11　入门级新飞手的大疆精灵3航拍无人机（图片来源大疆企业官方发布）

（2）老产品的CMF设计

老产品指的是企业已上市的产品，产品的功能结构设计和ID造型设计已完成，无需改动。因此，老产品的CMF设计是在原来CMF设计基础上的升级或迭代性设计。不难看出，老产品的CMF再设计，在设计定位上是一种主角关系。产品的核心竞争力取决于CMF的再设计方案，CMF的再设计担负的是老产品生命的延续责任，让企业的老产品焕发青春，在市场售卖的时间更长。可见，对老产品的CMF再设计而言，其实是CMF设计的主战场，也是能够体现CMF设计价值的最好天地。

例如WOPU公司采用CMF设计方法对传统保温杯进行大胆创新，大大提高了老产品的竞争力（见图1-12）。

图1-12　WOPU保温杯CMF再设计案例图片（图片来源：国际CMF设计奖官网）

先行CMF设计，根据字面意思理解就是优先于产品的CMF设计，或者叫预测性CMF设计，至于优先具体的产品CMF设计多少年，则要根据企业整体战略的需求。目前一些知名国际企业的先行CMF设计有优先30年的预研；而国内的一些家电企业的预研则一般在3～5年。

先行CMF设计不受现有产品定位和价位的限制，CMF设计师发挥的空间很大，更接近于趋势研究下的未来CMF设计可能性探索。企业里的先行CMF设计师除了要有非常专业的知识背景和实践经历之外，还需要对时尚、趋势、新材料、新工艺有敏锐洞察力和极高的创新开拓精神。所以先行CMF设计的从业人员相对较少。

无论是新产品的CMF设计还是老产品的CMF再设计，在CMF设计领域都属于常规的CMF设计。常规的CMF设计项目所面临的最大压力是产品的面市压力，与面市压力相关的是时间压力、成本压力、生产压力、营销压力等，这些方方面面压力（要求和限制）造就了常规CMF设计的基本原则和运行机制。

一般来说，常规的CMF设计必须注重实际的商业价值，所以在具体设计前就必须认真研究企业的新产品定位、新产品策略、新产品风格变化、市场需求走向、企业中期规划和国际国内CMF大趋势等数据，在此基础上结合实际的产品条件，在设计初期应做出合理的CMF设计定位，这是对后续提出针对性设计方案，进行产品顺利量产面市，并发挥出市场竞争力的基本保障。

而对于先行CMF设计，不存在产品面市的压力。产品属于概念性设计，所以在设计上应注重引领性，在创意上应注重突破性。因为这类设计属于前瞻性和探索性设计，在属性上不要求可批量生产或短期内可批量生产的可能性，完全不同于常规CMF设计的新产品的新设计和老产品的再设计。

对于常规的CMF设计而言，市场竞争力、品质控制率和量产可能性是关键。

1.2.1　CMF设计的基本属性

CMF设计的服务对象是企业，服务的基本宗旨是为企业带来商业价值。因此，CMF设计的商业价值是建立在消费者的占有价值、体验价值和情感价值之上，而实现消费者的占有价值、体验价值和情感价值的通道，就是产品色彩、材料、工艺和图纹的创新性，产品综合品质的环保性和产品整体成本的合理性。为此CMF设计的基本属性如下。

（1）大工业的量产性

CMF设计都是建立在大工业的批量化生产基础上的设计行为，CMF设计的服务对象是大工业批量化生产的企业，设计对象是大工业批量化生产的产品，而非小批量定制类产品（工艺品）。因此，满足大工业的量产性是CMF设计的第一属性。

（2）企业牟利的商业性

CMF设计的价值是为产品企业赢得市场竞争优势，带来商业价值。溯源CMF设计，其本身就是从产品设计中细分出的最为贴近消费市场的设计部分，所以CMF设计创新的商业化特点更为明显。因此，满足企业牟利的商业性是CMF设计的第二属性。

（3）消费者的情感体验性

CMF设计创新触点不是产品的功能、结构和造型设计，更不是产品的新物种发明，而是在产品功能和造型设计的基础上，针对直接触动消费者心灵情感依赖的产品人性化表情的设计。因此，满足消费者的情感体验性是CMF设计的第三属性。

1.2.2　CMF设计的价值分析

回溯韩国家电CMF设计发展历程，2006年之前，CMF设计在韩国还处在初始概念阶段，CMF设计只是产品设计中的一部分，并没有将CMF设计列为具有独立竞争优势因素加以研究和思考，应该说这个阶段的CMF设计是作为产品设计的附属技能存在。但是从2006年后，随着韩国工业设计振兴和市场竞争的残酷，韩国家电企业为了让家电设计更好地适应韩国消费者对家装的品质要求，让家用电器产品更好地与家装搭配，以提高消费者对家电产品的情感认同，韩国家电开始将CMF设计从产品设计中剥离出来，对材料多元化的关注自然成为继室内装饰设计之后的家电CMF设计的热点，韩国家电业从此开始意识到CMF设计在提升产品竞争力方面的价值并率先进行了专业化的细分。

现如今，随着科学技术（电子芯片技术和智能技术）的快速发展，众多产品在关键技术上日益成熟，越来越多的产品造型趋于扁平化、简单化和同质化成为了常规工业设计所面临的设计瓶颈，外观造型在消费电子、日用电器、智能产品和汽车等领域中的设计受限，商家在同类产品上所面临的竞争压力是前所未有的，所以要在如此残酷的同质化产品中脱颖而出，常规的工业设计方法已开始显得无能为力的，毕竟在今天信息化高度发达的时代，新物种的诞生并非易事，旧物种的再设计已成常态。

与此同时随着产品技术、产品材料与产品工艺的多元化发展，拉高了消费者对产品综合品质的要求，拓展了设计更多的发展空间，特别是为专注产品人性化表情设计的CMF设计开辟了专业化研究和设计的可能。

回溯一下手机的发展历程，从30年前素色注塑、造型夸张的大哥大模拟机开始，到25年前表面喷涂、形态百变的数码机时代，手机产品的结构和造型是吸引消费者眼球的关键（见图1-13）。

图1-13　手机从模拟机到数字机的发展过程图片汇编

然而10年前的一场智能化手机革命，大屏智能手机进入了公众的视野。手机外观设计的扁平化和雷同化，让擅长造型设计的ID设计师束手无策，但是仅仅在外观上改变手机材质、工艺、色彩和图纹的设计却开始大行其道，开启了CMF设计的新时代。华为和苹果两大品牌的智能手机从产品造型的角度其实很难区别，功夫全在CMF的细节设计上（见图1-14）。

图1-14　华为和苹果两大品牌的智能手机设计（图片来源：华为和苹果官方发布）

从手机设计的发展变化我们能够感觉到CMF设计在新的历史发展时期将成为企业激活市场竞争力的新的支撑点，从产品的色彩、材料、工艺和图纹方面全面提升产品的灵性。在优化产品与消费者情感交流品质中赢得消费者，是CMF设计创新价值所在。

随着社会经济的发展，人们对物质的需求，从拥有、拥有更多向拥有更好的方向发展。拥有更好其实是指产品的高品质和高情感，产品的高品质和高情感并非是指那些一味追求新物种的技术控，而是指热爱旧物种的发烧友。他们怀旧，他们新潮，他们有腔调、重品位，他们对产品已从物质占有走向了情感拥有。因此，面对重情感体验的新一代消费者，设计的落点不再是ID设计所重视的产品物象，而是CMF设计所重视的根植于消费者情感流变的产品意象。

何谓产品意象，即是指产品的人性化表情，产品的灵性，与消费者（用户）沟通和对话能力。产品意象是赋予产品情感生命的神来之笔，是CMF设计的核心价值所在，为新物种（新产品）锦上添花，为旧物种（老产品）注入生机。

1.2.3　CMF设计CMFPSE理论模型

CMF设计的主要内容是在产品的色彩、材料、工艺、图纹与人的感官系统之间建立一种人与物之间相互尊重的情感认同。而组成产品人性化表情的四要素（CMFP色彩、材料、工艺和图纹）与人体感官（Sense）情感（Emotion）交互之间具有着属性上的层级关系，在CMF理论模型中，我们将CMF设计所涉及的相关元素根据其知识结构基本特征归纳为三个层级（见图1-15）。

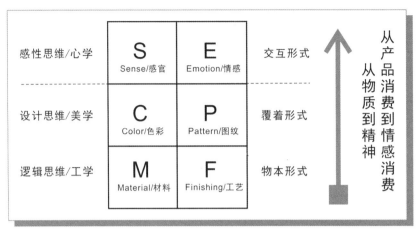

图1-15　CMFPSE理论模型示意图（图片来源：李亦文绘）

1.2.4　CMF设计CMFPSE模型中的要素解读

（1）色彩Color

色彩在CMF设计中是最易做出改变的设计要素。

赋予产品合适的色彩，一直是CMF设计的常规手段。特别是对特定的流行色、色彩营销策略、色彩管理体系和色彩标准化的运用，是CMF设计周期短、成本低、商业价值高的好方法。

（2）材料Material

材料是CMF设计中最难做出改变的要素。

因为在CMF设计中对产品材料的选择所涉及的面比较宽，一直以来材料知识是设计师的弱项，需要材料和结构工程师的配合，所以设计师很少会主动提出改变产品的材料。除此之外，对任何一类产品而言，一旦选定了某种材料，就意味着选定了某个产业链，要改变材料就意味着改变整个产业链，包括相关的原材料供应商、工厂、生产线、工艺技术、模具、配套、产品标准、测试手段等，这一切的一切都要重新来过，很明显这是耗时（周期长）、费力（人力、物力、材力）、成本高的买卖。所以企业一旦选定了产品的材料，在相当长的一段时间内是不会更换的。可见在CMF设计中选材要慎重。

（3）工艺Finishing

工艺是CMF设计中常用的创新要素。

常规情况下工艺开发的投入成本相对于材料开发的成本要小，但相对色彩的改变在时间成本、经济成本上还是会大很多。CMF设计涉及的工艺类别一般分为成型工艺与表面处理工艺两大类，两者可以同时创新，也可独立创新。所谓工艺开发和创新是针对

CMF设计已选择的材料在成型过程中或表面处理过程中引入其它工艺或技术的干预而形成新的效果，工艺开发可发挥的空间较大。不过工艺如同材料一样，也不是设计师的长项，通常需要工程师的配合，并且要通过一定的实验才能得到切实可行的创新工艺。就拿不锈钢表面工艺来说，同样的基材采用不同的工艺，设计师可开发出百余种表面肌理和色彩效果。

（4）图纹 Pattern

图纹是CMF设计中最直观体现产品表情符号的要素。

图纹是CMF设计中发挥设计的重要载体。材料或工艺的创新，往往会涉及较高的成本和较长的时间周期。图纹设计则可以在不变换材料、工艺甚至色彩的情况下，为产品带来新的产品表情，具有开发周期短、成本低、效果好的特质。图纹设计属于符号和语意设计范畴，有针对性的设计能够给消费者带来情感共鸣和审美体验。因此，对CMF设计而言图纹设计具有较大的拓展空间。当然图纹设计的实现离不开材料、工艺和色彩配合，同一个图纹在不同色彩、材料和工艺的搭配下所呈现的产品表情和用户情感体验是有很大的区别的，所以图纹设计空间的拓展不只是2D的概念，而是3D，甚至4D的概念。就不锈钢材料的表面处理而言，通过腐蚀、激光雕刻等工艺，设计了2D和3D的图纹肌理，大大提高了材料的适用范围（见图1-16）。

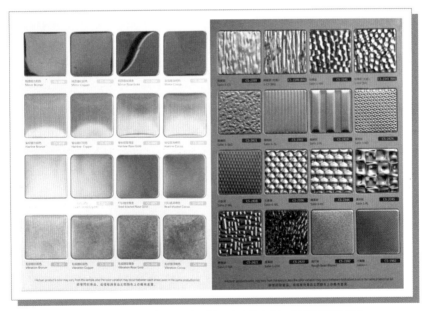

图1-16　部分不锈钢表面处理样品（照片来源：CMF军团资料）

（5）感官 Sense

感官是CMF设计中不容易被直接察觉的创新要素。

感官包括人的视觉、味觉、嗅觉、听觉、触觉，是产品与人发生交互作用的通道。五觉感官在CMF设计中的研究相对比较薄弱，因此是容易被忽略的，所以在多数的CMF设计中发挥作用不够充分，这将是未来CMF设计师可拓展的创新空间。例如传统的人机设计重点关注的是产品在人体感觉上（嗅觉、触觉、视觉、听觉和味觉）的宜人性，而 CMF设计将在宜人的基础上追求的是产品的动人性，让产品在消费者（用户）心理体验上表现出更高的情感品质。不过有关产品表情与消费者（用户）感官的对应化设计，就目前而言，应该是CMF设计的洼地。

（6）情感Emotion

情感是产品形象与消费者（用户）情感归属的心理共鸣现象。这种产品形象与消费者（用户）情感归属的心理共鸣是CMF设计中最难把控与琢磨的要素。

消费者（用户）的基本情绪有喜、怒、忧、思、悲、恐、惊等，而情感将更为丰富，例如恋爱感、幸福感、友好感、尊重感、高贵感、安全感、舒适感、愉悦感、童年感、兴奋感、归属感、美感、木讷感、嫉妒感、冷酷感、紧张感、欺骗感、厌恶感、鄙视感、仇恨感等。

人的情感感受是主观的，因人而异的，但是也存在着某种程度的共性之处。因此，如何通过CMF设计把产品的色彩、材料、工艺、图纹与人的感觉系统对应起来，并对消费者形成某种导向性的情感归属和心理暗示是CMF设计的最高境界。对于CMF设计而言，一件产品与消费者在情感上达成共鸣，其实这时的消费概念已发生了质的变化，消费者消费的已不再是物性产品，而是消费者自己的情感。这是CMF设计的精华所在。例如我们当然希望所设计的女性产品看上去有一种恋爱感和甜蜜感，因为对女性而言，多少产品的使用只是一种形式，更多的是在给自己的情感寻找一个甜蜜的港湾。而对于老年朋友而言，情感的归属却完全不同，产品看上去应该有一种尊重感、安全感和友好感，而不是紧张感、鄙视感和仇恨感。因为对于大多数老年朋友多多少少有一种被社会所抛弃的感觉，所以给老人一种仍然可以自立的尊严感是老年产品的情感归属。

不难理解，CMF设计的使命是如何从物质走向更高精神层面的情感体验，CMF设计所设计的产品外观只是一种表象，而真正的内涵是产品灵性，这种赋予产品人性化表情的CMF设计已成为引发人类心甘情愿对自己情感进行消费的设计新方向。例如已经处在淘汰边缘的锁，在CMF设计的驱动下，激活了情侣们的情感共鸣，在世界的许多地方成为人们情感消费的载体。例如巴黎的情侣锁桥（见图1-17）。

图1-17　巴黎爱情锁桥

1.3 CMF设计行业

目前CMF设计的主要核心行业是汽车、家电、手机三大行业。泛核心行业则是消费电子、家居、服装、包装、化妆品、医疗器械、箱包、鞋帽、材料、设备等行业。

一般来说，CMF设计由于行业的不同，相关的产品尺寸、设计重点、开发周期和时尚敏感度等方面存在着较大的差异。所以CMF设计师虽然有共同的知识背景和设计原理，但也会因行业的差异向各自不同的专业化方向发展。因此，对于职业化的CMF设计师来说，从一个行业去到另一个行业从事CMF设计，往往是需要一定的适应期，积累该行业的相关知识是做好CMF设计的基础。

另外，CMF设计的周期因行业的不同差别也很大。汽车行业CMF设计的周期一般会在4～5年；家电行业CMF设计的周期一般会在2～3年；手机行业CMF设计的周期一般会在1年至半年；而服装行业CMF设计的周期只有半年（春夏、秋冬）。随着市场竞争压力的不断加大，不同行业在CMF设计上的周期也在不断缩短，汽车行业CMF设计的周期已缩短到2年左右，手机行业已缩短到3个月左右。由于CMF设计的周期缩短，企业对CMF设计师的需求也正在快速增加。

1.3.1 CMF设计所在行业的产业链

与CMF设计相关的产业链按层级分，主要可分为5种类型的企业，即原材料厂、配件厂、组装厂、方案商和品牌商。不同类型的企业在CMF设计方面的创新度是不同的，设计投入的成本也是不同的，当然由CMF设计所创造的收益也是有很大区别的。所以认清企业的层级属性，有利于CMF设计师摆正与他们合作的落点，提高合作的质量。

（1）原材料厂

原材料厂主要是指从事油墨、油漆、塑胶、模切、膜片、金属、板材、片材的加工企业。

（2）配件厂

配件厂主要是指电子元器件加工企业（如IC、PCBA、FPC、SMT生产等）、模具加工企业（如模具制造、注塑生产等）、表面处理企业（如注塑、喷涂、压铸、锻压、CNC、阳极、喷砂、抛光、拉丝等加工）、电池企业、充电器企业和包装企业等。配件企业会把自己的加工能力通过样板在展览会上发布，供设计师选用（见图1-18）。

（3）组装厂（整机厂）

组装厂亦称整机厂，主要是指负责整机装配的流水线企业。这些企业属于幕后英雄，多数企业不被消费者熟知。

图1-18 2018年CMF设计大会期间配件企业发布的部分新工艺和新材料（照片来源：CMF军团资料）

（4）方案商

方案商主要是指从事承接品牌、主机厂所需的产品方案设计与整机技术支持的企业。产品方案主要包括产品软硬件的设计，以及整机组装技术的设计。

（5）品牌商（主机厂）

品牌商（主机厂）主要是指从事产品品牌企业和营销企业。也就是大家所熟悉的各类产品的品牌。品牌企业多数不具体负责生产环节，主要负责产品的开发定位、品牌打造和营销策划与运营（见图1-19）。底层的是原材料企业，顶层的是品牌企业，中间有配件、组装和方案商企业。图中不难看出，CMF设计的主要对象是品牌企业。

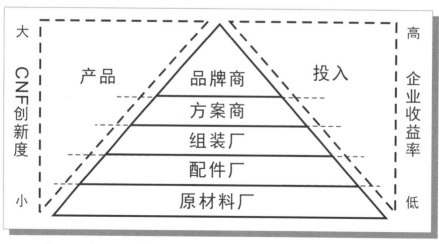

图1-19 与CMF设计相关企业层级属性关系示意图（图片来源：李亦文绘）

1.3.2　CMF 设计对所在行业发展的作用

CMF 设计对所在行业（企业）的作用主要分为两个方面：一方面是能够从产品的角度增强企业市场竞争实力；另一方面能够从发展的角度提升企业战略前瞻能力。

（1）增强企业市场竞争实力

对于品牌企业（主机厂）来说，新产品开发和老产品更新是企业竞争的立身之本，而 CMF 设计正是增强企业市场竞争实力的重要方法。

CMF 设计相比新物种和新外观造型的常规工业设计（ID），具有开发成本低、时间周期短的竞争优势。

常规工业设计（ID）的新物种和新产品外观造型设计会涉及与产品相关的产业链（供应链）的改变，至少会涉及新模具投入和新生产线调试。所以新物种和新产品外观造型的产品设计对企业而言，无论是从时间成本还是产品开发成本都是不小的数目，光模具投入一项少则几万元，多则可以上千万元。而 CMF 设计多数可以在不改变产品外观造型的情况下，通过产品的色彩、图纹、材料和工艺的低成本，改变创造出全新的产品表情，为消费者（用户）带来更高品质的产品情感体验，从而在同类产品中脱颖而出，赢得市场。

当然 CMF 设计并不能代替常规工业设计（ID）在企业发展中的重要作用，但可以有效弥补企业只依赖常规工业设计（ID）造成的产品迭代的速度比较慢的竞争劣势。企业可以在正常开展工业设计（ID）的同时，采用 CMF 设计对企业的原有产品从色彩、材料、工艺、图纹多维度、多元化的设计触点出发，实现产品的快速更新、快速迭代，保持产品的更新节奏，发挥 CMF 设计产品研发成本低、产品迭代周期短的竞争优势。

CMF 设计相比常规工业设计（ID），不光具有开发成本低、时间周期短的竞争优势，同时还具有消费内容上的竞争优势。常规工业设计（ID）提供给消费者的是产品占有层面的消费理念，重视产品的物理方面能做什么的功能价值，所以消费者消费的是产品的物质式，满足的是生理需求的基本效用，在产品匮乏供不应求的年代，"形态服从功能"是工业设计（ID）铁律。

而今天，产品供过于求的买方时代，在产品功能同质化的市场竞争中，消费者看重的已不是商品本身的物质功能（这是产品必须的基本指标），而更多的是为了一种情感上的满足，一种心理上的认同，这正是 CMF 设计的触点所在。在 CMF 设计创新中，产品的色彩、材料、工艺和图纹的评价标准都是围绕着消费者的情感共鸣度而设定，所以 CMF 设计赋予产品的是产品物质功能之上的精神（情感）功能。这就是 CMF 设计最最关键的竞争优势。

CMF 设计利用产品的色彩、图纹、材料和加工工艺的精心配置，赋予产品丰富多彩的人性化情感，如冰凉感、亲肤感、柔和感、粗犷感、甜蜜感、高雅感、健康感、淡雅感、满足感等，正是这些产品细节上的情感导向，赋予了平凡产品多元化的表情，给出了高端产品的矜持感、低端产品的亲切感，这就是 CMF 设计的魅力所在。

（2）提升企业战略前瞻能力

针对供应商类型的企业来说，前瞻性的趋势引领是企业竞争的立身之本，而 CMF 设计是提高企业战略前瞻能力的重要方法。

CMF设计能够使供应商实现从被动变为主动、从配合变为联合的角色转换。

在多数情况下，品牌企业在产品开发完成后，才会把产品的要求给到从事组装、加工、材料、设备类的供应商企业，作为供应商企业将按照品牌企业需求给予配合，所以供应商在大工业制造中往往是处在被动地位。而CMF设计能够使供应商从以往的配合品牌企业的被动地位，转向主动给品牌企业提供可选择的产品创新方案，或协助开发创新方案的主动地位。供应商企业启用CMF设计可以在品牌企业产品未开发完成之前同步主动介入，与品牌企业一起联动开发，提出切实可行的合理建议、思路和方案，从而实现想客户之所想，思客户未所思，化被动为主动。

一般来说，供应商对产品或行业的信息往往比品牌企业更为敏感，因为前瞻性的趋势引领是企业竞争的立身之本，所以CMF设计能够促使供应商站在客户的立场去思考，研判未来客户的需要。如什么样的材料或者工艺能够给客户现有产品带来更多的色彩变数、材料变数和工艺变数，从而激活客户老产品的新生命。从我有什么材料或服务就做什么生意，走向为什么要用我的材料和我的服务，用我的材料或服务会带来哪些价值，实现供应商企业利益的最大化。

与此同时，CMF设计还能够使供应商企业为客户提供更好的服务体验。以往供应商所提供的服务多半只是干巴巴的拿产品说话，而CMF设计能够让供应商通过讲趋势、讲市场机会、讲产品故事来提供有价值的色彩方案、材料方案和工艺方案，而不是原先那种单纯的销售金属配件、塑料粒子、导电薄膜、环保油墨的供应商。

因此，供应商要从卖实物（加工）走向卖趋势，就必须依托CMF设计主动研究行业趋势，洞察行业机遇，从行业上变成"我比客户更专业"，成为客户了解趋势的重要端口。供应商只有通过自己的趋势性研究，才能为客户提供前瞻性的产品服务，而CMF设计正是供应商企业的价值所在。

1.3.3　CMF设计师和CMF工程师的区别

CMF设计师和工程师是目前CMF设计行业中的两种专业技术职位称呼，他们在专业上是相互支撑、相互依赖的合作伙伴，对企业CMF设计团队是缺一不可的。

CMF设计师主要从事CMF设计方面的技术工作。前面说过，CMF设计属于整个产品设计体系中的一个细分模块，是以产品市场趋势为导向，从产品色彩、材料、加工工艺和图纹四个方面赋予产品情感和灵性，提升产品市场竞争力的新型复合型专业技能性岗位。CMF设计师的知识结构由于学科跨度大、专业实践性强，目前专业型的CMF设计师属于紧缺型人才。而现在的多数CMF设计师基本上来源于艺术设计专业，从专业化的程度还有一定的差距。

CMF工程师主要从事CMF工程技术方面的工作。CMF工程属于具体落实CMF设计的支撑模块，从颜料、材料和加工工艺的角度保证CMF设计在工程上的品质实现。目前CMF工程师多数来源于材料与工程专业，专业性还是很到位的。

有关CMF设计职业的称呼并不统一，不同行业有自己的习惯叫法，这也说明CMF设计还是一个新兴的领域。

在汽车行业有以下几种称呼：CMF设计师、色彩设计师、Color&Trim设计师（简称C&T设计师，中文含义是色彩和装饰设计师）、内外装饰设计师、色彩材质设计师、色彩面料设计师、色彩纹理设计师等。

而在家电行业有以下几种：CMF设计师、图案设计师、材料工艺设计师、色彩设计师、CMF平面设计师。

在摩托车行业却称之为：色彩贴花设计师。

而CMF工程方面有以下几种称呼：CMF工程师、工艺工程师、材料工程师、材料工艺工程师、色彩工程师等。

在涂料、油墨行业普遍称之为：颜色设计师、颜色工程师。

1.3.4 CMF设计师职位描述

一般来说CMF设计师的主要职责是负责制定CMF设计策略，负责CMF创意方案设计与研发，并确保CMF设计的有效转化。

除此之外，有一类CMF设计师是专门与工业设计团队合作的专项设计师，例如：对前期预研项目进行工艺推荐与评审；与设计团队、市场团队、企划团密切沟通，确保设计方案满足市场及目标消费者预期。有一类CMF设计师是专门从事色彩设计，他们根据产品需求与特征，较为专业地从事色彩设计、色彩搭配、色彩优化、色彩系统更新。有一类专门服务于供应商企业的设计师，他们的主要职责是负责新技术、新材料、新工艺、新色彩、新设计、新制程、新效果的推广和应用。

不难看出，CMF设计师作为一种职业，其职责常常会根据企业需求的变化而变化。不过对多数的CMF设计师来说其主要职位责任不外乎如下四个方面。

其一、负责收集新材料、新工艺及色彩方面的资讯，研究消费者（用户）新需求、材料与工艺技术的新走向和色彩与图纹流行的新趋势；

其二、以创新设计的视角，发掘细分消费者（用户）的需求，提供创新的产品色彩和图纹定义，协助设计团队完成产品设计方案中的材料、工艺、色彩以及图纹的规划、具体方案设计、方案细化、手板制作及产品工程化实施；

其三、负责配合采购部门规划并执行对新材料及新工艺的考察，执行CMF设计导入计划；

其四、负责执行颜色签样及工艺跟进，定期优化色板和材质板。

不管怎么说，CMF设计是企业用来保证产品与消费者情感共鸣的重要措施之一，所以，产品外观的人性表情能否准确化把握，最终的设计品质能否真正实现，当然是离不开市场部、工业设计部和产品工程和生产制造部门通力合作，产品质量是企业综合协作的产物。

1.4 CMF设计程序

我们说CMF设计是产品设计在消费经济发展到高级阶段的产物，不同于常规的工业设计，有着自己独特的设计落点。

常规工业设计是基于产品基础功能和外观造型为主的设计活动，关注的主要是人与产品之间的物质关系，例如产品操作的易用性、实用性、高效性，当然还包括人与产品的精神关系，例如产品的价值性和造型的美观性等。

随着信息技术和互联网技术的快速发展，产品形态的扁平化使得常规工业设计（User Interface Design，简称ID设计）正在向用户体验设计（User Experience Design，简称UX设计）和信息交互设计（UI设计）的方向发展，成为了信息时代工业设计的新热点。不过无论是UX设计还是UI设计，其设计基本思路与常规的ID设计是类似的，只是产品类别变化的产物，原先的设计对象主要是造型多变的硬件类产品，而现如今许多产品开始移位到以软件系统操作类为主的屏幕产品，例如电脑、平板（PAD）和手机等。因此ID设计开始关注人与软件系统间的交互感时，便开拓了UX设计和UI设计的专业方向，很明显UX设计和UI设计重点关注的便是软件操作系统的易用性、实用性、高效性和界面的美观性等，从设计原理上与ID设计一脉相承。

然而，随着制造业技术的不断成熟化和标准化，加之人类物质生活条件的不断提高，产品基本功能（操控功能）的同质化和产品生产的超量化（供过于求），使得人们对产品的需求性质发生着变化。今天的消费者关心的已不再是产品是否能用和尽用，质量是否好，自己是否"占有"了多少产品，而更多的是开始关注产品是否符合自己的审美、是否符合自己的品位、是否符合时尚潮流、是否能表达个体气质、是否在产品使用中有情感共鸣。这种消费理念的改变再次触动了企业界（设计界）的敏感神经，在UX设计和UI设计的基础上开始聚焦常规ID设计的美学部分，重点关注产品的精神功能，从而拓展出了产品情感消费的新空间，即CMF设计。可见CMF设计是消费需求升级下的新产物，如同UX设计和UI设计一样，只是常规的ID设计发展中的细分领域。

以一台双筒滚筒式的洗衣机为例：

工程设计（MD）是工业设计的基础，工程设计（MD）所关心的是双筒滚筒式静音吗？去污能力强吗？去污方式先进吗？……

常规ID设计所关心是双筒滚筒式洗衣机的造型与传统滚筒式洗衣机有区别吗？它造型的识别度和可用度好吗？美观吗？……

UI设计和UX设计所关心的是产品操控（界面和洗衣过程）性。例如，双筒滚筒式洗衣机的界面操作是否方便？界面识别度好吗？洗衣过程是否方便放取衣物？洗衣机内仓方便清洁吗？方便维修吗？……

而CMF设计所关心的是产品的情感消费需求。例如洗衣机的色彩符合消费者的喜好吗？洗衣机的图纹寓意吉利吗？材料质感有格调吗？够档次吗？洗衣机与家里的环境协调吗？符合流行趋势吗？……

可见，CMF设计不能代替MD设计、常规ID设计、UI设计和UX设计，只是在它们的基础上，通过改变产品的表面材料、工艺、色彩、图纹的方法，赋予产品更高的精神品质和产品灵性。所以从设计方法和设计程序上有自身的个性特点。这就是本章节要阐述的内容。

根据CMF设计的工作内容、工作类型、所需技能和要求，我们将CMF设计程序主要分为三个阶段，即前端趋势阶段、中端设计阶段、后端转化阶段（见图1-20）。

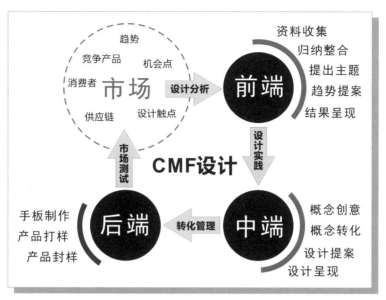

图1-20 CMF设计程序阶段划分及相关属性分析说明图（图片来源：李亦文绘）

1.4.1 前端趋势阶段

前端趋势阶段的主要任务是研究行业趋势，洞察未来市场的机会点。从趋势信息的分析中研判下一步CMF设计的触点，发掘出下一步CMF设计的方向，以及提炼出下一步CMF设计的价值域。前端趋势阶段需要的基本技能：收集信息的能力、整理信息的能力、分析信息的能力、信息概括的能力、信息提炼的能力和信息转化的能力。

（1）趋势研究

趋势研究（Trend Studies）又称预测研究，主要是指在一定时间、一定范围内对研究对象进行资料收集、对比、分析，从而预测或推断出研究对象未来可能的发展方向。

趋势（Trend）的字面意思是事物发展的动向，历史发展的必然规律。所以，CMF设计的前端趋势研究，其实是通过研究事物发展动向和历史发展必然规律，找到企业产品或服务在下一季市场中的定位。趋势研究虽然所关注的是过去与现在，但推演的却是未来，所以趋势研究的目的是"预测未知的未来"，这看起来是件比较玄乎的事，但是这中间其实还是有规律可循，否则在当今国际上就不会有那么多的趋势研究机构，也就不会有经久不衰的流行色趋势发布会。

趋势研究的价值是通过对过去和现在的信息分析，找出未来潜在的市场趋势和需求走向，最终推演出企业产品及服务的未来价值点。企业有了可靠的未来价值点，就可以提前布局，精准把握产品的设计趋势，提前设定未来产品方向，使现阶段的产品或未来的产品设计提案提高公信力和说服力，从而掌握竞争优势。

CMF趋势研究的内容包括社会趋势、设计趋势、技术趋势，所以一份完整的CMF趋势研究报告将会包含色彩趋势、材料趋势、工艺趋势、图纹趋势和产品趋势等。从时间维度看，趋势与流行还是有区别的。一般来说，流行（Fad）是一个短期的概念，时间跨度在6个月～1年间。而趋势（Trend）是一个相对比较长期的概念，时间跨度在5～10年。

（2）趋势来源

CMF设计的前期趋势研究主要是针对产品设计的相关因素，例如产品色彩、材料、工艺、图纹，以及整体产品消费品位和品质变化等方面的预测研究。当然就趋势而言，不同的行业有各自不同的规律，CMF设计师获取趋势信息来源主要分为以下两类。

a.现有趋势

现有趋势主要是指从趋势机构、设计机构、商业机构和学术机构所发布的趋势资料中获取的信息。当然也包括从各类专业展会、产品秀场和交易卖场的调研总结中所获得的趋势信息。现有趋势收集是比较省时省力的方法，我们有可能从这些现有趋势信息中找到符合自身产品的新CMF设计定位和下一代产品的价值点。但是，由于现有趋势信息量比较多且缺乏针对性，所以需要设计师能够从海量的信息中找出有价值的内容，否则存在一定的错位风险。

b.自研趋势

自研趋势主要是指设计师自己研究推演出的趋势。自研趋势对设计师专业知识的广度和深度要求较高，并且需要花费较长时间去积累、分析和研究，无论是人力成本还是研究成本都是不菲的数目，所以成果的价值也有所不同。自研趋势根据投入精力和财力多少，产出的成果价值一般分为实用趋势和前瞻趋势。

实用趋势通常为下一季度、下一年或近三年内的趋势研究，以实用为主。这类趋势报告的针对性强，实用价值较高。

而前瞻趋势通常为5年、10年，甚至更长时间，如30年的趋势研究，这种研究多半需要一个团队，甚至需要借助外部力量来共同完成。这类报告针对性较弱，短期内的实用价值不大，但能够为企业或行业的未来指出方向，具有战略性价值。

（3）趋势研究方法

趋势研究方法主要分为静态研究方法和动态研究方法。

a.静态研究方法

静态研究方法主要指研究者在办公空间内可以完成的部分。静态研究的特征一般是通过电脑网络搜索、文件阅读和开会讨论的方式即可完成行业信息的初步研究。

静态研究的信息源主要是相关行业的专业网站、专业媒体、专业趋势报告、专业出版物、专业期刊、专业报纸以及相关的专业论文等。例如趋势参考信息源的专业机构有：Trendstop、NELLY RODI、WGSN（英国）、Peclers Paris（法国）、Carlin（法国）、Promostyl（法国）、Fashion Snoops（美国）、Stylesight（美国）；POP时尚网络机构、蝶讯网、中国服装协会、热点发现、中国服装协会。有关纺织面料专项趋势参考信息源机构有：美国国际棉花协会（CCL）、国际羊毛局（International Wool Secretariat）、中国纺织信息中心、华纺资讯、中国纺织网、WOW-TREND（热点趋势）。有关色彩专项趋势参考信息源机构有：PANTONE（彩通）、NCS（自然色彩系统）、RAL（劳尔）、国际流行色协会、中国流行色协会、日本流行色协会、美国色彩协会。有关材料专项趋势参考信息源企业有：巴斯夫（BASF）、阿克苏诺贝尔涂料（AkzoNobel）、PPG涂料、贝格涂料（Becker）、卡秀堡辉、松井涂料、默克珠光（Merck）等。有关时装专项趋势参考信息源杂志有：InternationalTextiles、FashionReport、VOUGE、EL、Moda、L'UomoVogue、BambiniCollezioni、HiFashion、UHF、FashionNews、流行通信、《国际纺织品流行趋势》《服装设计师》《流行色》。专业网站参考：服装网、服饰中国网、服饰流行前线等。

b.动态研究方法

动态研究方法指的是研究者通过走出去的形式完成的部分。走出办公完，通过实地考察调研，掌握第一手资料进行研究。动态研究不是闭门造车、纸上谈兵，而是面对实际，脚踏实地。趋势参考信息源主要是行业的专业论坛、专业展会、专业企业、专业设计机构、专业博物馆、专业卖场和行业专家访谈等。

例如目前具有趋势参考信息源的展会有三大消费电子展：AWE中国家电及消费电子博览会、CES美国消费电子展、IFA柏林国际电子消费品展览会；三大家具展：美国高点国际家具展览会、德国科隆国际家具展览会、意大利米兰国际家具展览会；主要汽车展：德国法兰克福车展、法国巴黎车展、瑞士日内瓦车展、北美底特律车展、日本东京车展、北京车展、上海车展、广州车展、成都车展；移动通信类展会：世界移动通信大会（MWC）、重庆国际手机展、中国国际智能手机及苹果周边产品展览会、上海国际移动电子展览会（SIME EXPO）等；触屏及手机玻璃展：上海国际触摸屏展览会、中国（深圳）国际触摸屏与显示展览会（深圳全触展）、3D曲面玻璃展暨国际触控＆柔性显示/全面屏展览会、上海国际全触与显示展、中国（北京）国际3D曲面玻璃展览会、深圳国际3D曲面玻璃制造技术暨应用展览会、广州国际3D曲面玻璃及触控面板玻璃技术展览会；服饰面料参考：法国巴黎第一视觉面料展（PremiereVision）、巴黎的国际纱线展、香港Interstoff面料展、中国国际服饰博览会等；设计类展会：设计展、时装周；材料展：中国国际塑料橡胶工业展览会（橡塑展）、德国K展；工艺技术设备展：日本国际机床展（JIMTOF）、芝加哥国际制造技术（机床）展览会（IMTS）、欧洲国际机床展（EMO）、中国国际机床工具展览会（CIMT）、深圳国际机械制造工业展览会（SIMM深圳机械展）；论坛参考：国际CMF设计大会（INTERNATIONAL CMF DESIGN CONFERENCE）；奖项参考：CMF设计奖（CMF DESIGN AWARD）、红点奖（Red Dot Design Award）、IF奖（iF Design Award）、优良设计奖（Good Design Award）；皮革展：亚太皮革展（APLF LEATHER&MATERIALS+）。

（4）趋势研究流程

趋势研究流程可以分为五个环节：资料收集、归纳整合、提出主题、趋势提案、结果呈现（见图1-21）。

第一环节：资料收集

资料收集内容包含：社会、行业、产品，由宏观到微观，既要符合社会大趋势，又要符合产品本身的属性。资料收集的维度可分为社会环境、行业环境、产业环境三大维度。

图1-21　CMF设计趋势研究路径示意图（图片来源：李亦文绘）

a.社会环境维度

社会环境维度属于意识层面。主要是指有关社会、政治、经济、文化、科技、商业、艺术等的热点问题，正在发生的大事件，社会名流和风云人物的新闻等；在这些当下社会信息中承载着大量的意识形态方面的导向信息，这对消费者未来的意识走向具有重要的趋势研究价值。例如社会主义核心价值观将对中国消费者的意识形态上产生巨大的变化。

b.行业环境维度

行业环境维度属于商业层面。主要是指行业机构所发布的趋势报告和资讯，如颜色机构、趋势机构，企业通过自媒体、公共媒体发布的相关的趋势信息。其中包括发生在行业中的热点事件、热点新闻、热点讨论，如服装、化妆品、包装、家装、UI、工业产品（造型等）等行业的热点话题；以及跨行业的大事件，如新技术的突破、新物种的产生等。当然还包括CMF设计领域大事件、大讨论和典型案例分享等，例如消费者喜爱的CMF设计、消费者（用户）的需求变化和集体意识的变化。

2019年随着5G技术的发布，5G将会给许多行业带来新的变化。这一人类信息时代发展的新趋势将彻底改变我们的生活形态，让人类的情感形式发生质的变化。

c.产业环境维度

产业环境维度属于产品层面。主要是指具体产品与企业竞争对手的动态情况。如不同手机品牌、不同汽车品牌、不同家电品牌，不同家居品牌等竞争企业的热点事件、热点新闻、热点讨论及新产品发布信息等；当然还包括竞争企业在产品颜色、材料、工艺、图案纹理、新技术等方面的变化，如企业发布的产品趋势、技术趋势、时尚趋势、设计趋势、材料趋势、工艺趋势、色彩趋势、图纹趋势等。

例如全球大型汽车生产商、全面发展的丰田几乎不存在偏科的现象，不过这样一家全能车企也有它不屑一顾的东西：纯电动汽车。没错，纵观丰田的乘用车产品线，你可以找到汽油、柴油、混动、插电混、增程式，但是唯独纯电动汽车只在2012年的美国市场销售过短暂的一段时间（RAV4 EV）后便停产了。然而不开发EV车型，并不代表丰田放弃了未来，因为氢能源燃料电池，才是丰田认为的未来汽车驱动形式（见图1-22）。

另外博世在2019年CES电子展上推出一款自动驾驶概念车。新车搭载博世新一代自动驾驶软、硬件技术，车内可乘坐4名乘客，和网约车类似，乘客可通过应用程序预订该车。概念车的外观设计非常简洁，车身由大面积透明材质覆盖，让车内的视野更加开阔。头灯设计为三角形，为概念车增加了一些萌态。由于是自动驾驶车辆，所以车内没有驾

图1-22　2015年丰田发布了名为丰田未来的氢能源概念车的生产版本（图片来源：企业官网发布）

驶席，仅设置了四个座位为乘车使用。车内配有Wi-Fi和先进的摄像头监控系统，该系统可以检查是否有乘客遗漏了某些东西，甚至可以检查乘客是否在座位上留下口香糖或者是否溢出饮料，以便及时提醒维护人员清理车辆等，该车搭载了博世的电驱动系统，以及自动驾驶所需的各种传感器。此外，该车还将配备远程诊断和充电管理系统，可以远程诊断车辆状况，并实时进行电池管理（见图1-23）。

图1-23　2019年博世发布的新一代自动驾驶概念车图片（图片来源：汽车江湖网）

　　资料收集的方式，一般而言是通过专业展览、市场调研、实地观察、产品体验、专家访谈、专业网站、新闻客户端、自媒体、微信公众平台、报纸杂志等收集相关的素材，并为CMF的静态和动态的研究方法提供有效的资料。

　　资料可以按照"过去已发生""可能会发生""一定会发生"的分类方式分类，并以图文并茂的方式呈现。

　　由于收集资料是一件极为费力的浩大工程，对企业而言，应该根据企业所在行业和相关的产品规划进行定向收集，这样工作量可控且针对性也强。资料的收集要求注意从全维度的热点来收集，这样才能给下一步提供足够的有价值的数据与信息。

第二环节：归纳整合

　　资料归纳整合是根据收集到的资料信息结合企业的规划产品进行分析研究，总结得出最新CMF设计趋势落点。具体分为四个步骤：热点筛选、热点展开、热点碰撞（圈内圈外）、热点整合（图1-24）。

图1-24　CMF设计中资料归纳整合方法步骤（图片来源：李亦文绘）

a. 热点筛选

热点筛选就是在海量信息中选择出有价值的热点，也就是说去掉过时的、重复的、与研究领域不相干的资料，模棱两可的热点问题可以暂时保留。

b. 热点展开

热点展开是一种团队合作的方式。具体方法如下：团队成员分别对不同热点进行分析思考，从热点出现的原因，热点将会带来的影响等方面给出自己的判断，并将思考结果和自己的观点写在便利贴上，贴在该热点的区域。此阶段团队成员之间不需交流，应独立完成对不同热点分析思考，最后将热点制成包含更多思考和观点的热点卡片作为下一阶段的热点碰撞的道具。

c. 热点碰撞（圈内圈外）

热点碰撞是热点发散的过程，目的是通过圈内圈外不同的人群对上一阶段提出的热点问题展开直觉性碰撞探讨，对热点进行多视角的分类整理推演。具体的方法如下：将圈内团队分组，每组抽一部分卡片，用抽到的卡片进行组合分类，每组轮流分享所得出的分类。然后进行热点整理归类，为每个类别的热点取名。同时可开展圈外人员的热点碰撞，方法一样。

在热点碰撞环节鼓励充分讨论和交流，特别是要仔细聆听圈外人员分类以及形成分类的理由，常常会有意外惊喜，结合圈内和圈外的观点，最后做出分类调整或增加新的热点。

d. 热点整合

热点整合是针对上一阶段的热点分类进行深入讨论，在热点的基础上进一步聚焦，整合出更为集中的"趋势焦点"，并对每个焦点从焦点产生的理由，焦点将会产生什么影响等方面进行反复讨论，最后确定出贴合当前热点的、言之有物的、对人们的生活方式会产生影响的、并且在未来还会继续发挥影响力的"趋势焦点"。

第三环节：提出主题

在完前面两步的基础上将进入抽象假设，提出主题阶段。

提出主题阶段是根据第二步归纳整合出的趋势焦点资料，结合企业的产品展开进一步的提炼，从而提出CMF设计的主题方向。并用可感知的表述形式，如故事板、参考图片、视频等对主题进行细化展示。

具体流程为：趋势焦点—进行抽象假设—提出趋势主题。每一个趋势主题要点包括下列内容：

a.为什么会有这个主题，它是什么？会有什么影响？主题的中英文名称是什么？（主题的中英文名称需准确传达主题，这样容易记，避免误解）

b.每个主题下包含故事板、色彩材料的描述与意象图。

第四环节：趋势提案

趋势提案是指针对趋势主题的具体CMF设计的趋势设计可行性提案。内容主要包含：根据趋势研究资料的趋势主题，结合企业所在行业或规划中产品的具体情况，提出有关色板（颜色）、配色、纹理、图案、材料混搭、成型工艺（即CMF样板呈现）的趋势性解决方案。

第五环节：结果呈现

最终趋势研究的结果是以CMF设计策略的形式呈现。到此，CMF前端趋势研究全部完成。CMF设计策略为下一步的CMF设计提出具有竞争性的CMF设计方案指导（对于前瞻性的项目具有超前性，对于量产化的项目具备落地性），包括创新的产品色彩定义、材料定义、成型工艺定义、表面处理工艺、图纹定义等。

前端趋势研究结果的呈现形式普遍采用的是PPT、视频、报告册、实物、样册等。为了更为直观地表达趋势研究的结果，企业通常还会制作趋势展示版面，趋势展示版面的关键要素包含：主题、关键词、趋势提案的可视化呈现。

作为中国最具前瞻思维的设计顾问公司，YANG DESIGN自2005年起率先从德国引入了领先的趋势预测工具，并邀请不同行业的专家构成专家团队，共同打造了国内最专业的趋势研究团队。其中每年发布的前瞻项目《中国设计趋势报告》已成为中国设计界的趋势指南针。

1.4.2 中端设计阶段

中端设计阶段主要任务是按照未来趋势，结合企业的具体规划和定位，对应提出具体的CMF设计解决方案。

该阶段主要遵循的流程为：趋势—概念—概念转化—设计提案—设计呈现。而设计呈现主要通过二维图纸、三维图纸、样品与手板等。

在中端设计阶段主要体现的基本技能包括：分析问题的能力、概念转化的能力、创意生成的能力、设计表达的能力、CMF综合设计的能力。一般来说CMF设计包含色彩设计、图纹设计、材料和工艺设计的具体方案。例如Nike 2019年的Presto系列新设计方案，设计延续了老款经典鞋型幽默诙谐的角色情感设计手法，给消费者带来了Presto React一贯以科技为引领的流畅自然脚感的新角色鞋设计（见图1-25）。

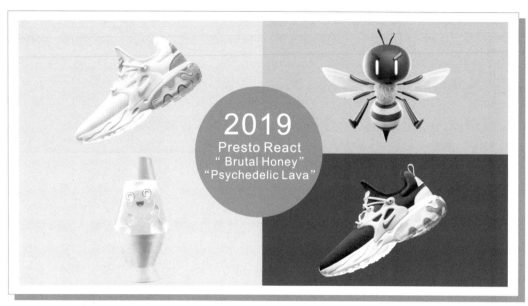

图1-25　Nike 2019年的Presto系列新设计方案（图片来源：Nike经销商官方发布）

（1）色彩设计

产品的CMF色彩设计，指的是通过色彩维度给消费者视觉产生心理情感共鸣所做的产品色彩创新。其中包括对产品色彩的定义、色彩的搭配、色彩的实现、色彩的管理和色彩的整合等内容。这里的色彩维度是指色彩明度、色彩纯度（彩度）和色彩色相（色相）三要素，同时还包括色彩的搭配、色彩的材料、色彩的工艺、色彩的效果、色彩的实现、色彩的成本等。在具体的色彩设计工作中，以下一些通用概念对CMF色彩设计是不可不知的。

"色彩打样"亦称为色彩打板。其含义是指当色彩设计方案出来后进入实际效果的打样制作。"色彩打样"是设计师需要给打样厂家提供相关的色号、色板或者效果图，因为每个人对色彩的理解不一样，如何对打样厂家准确描述要实现的色彩是至关重要的。

"色号"指的是色彩行业常规色彩体系，如Pantone色号、Ral色号、NCS色号，规范企业还有自己定义的专属色号。

"色板"指的是实实在在的色彩板，如喷涂的色板、印刷的色板、纸质色板、面料、金属件等。

"效果图"指的是电子或纸质形式的图纸，由于不同产品显示器对色彩呈现会有色差，搭配色板会更有利于描述想要的色彩感觉。

"调色"指通过材料与工艺的结合，将想要的色彩进行不断调试，最终达到预期效果的过程。如油漆调色、染料调色等。设计师在产品设计初期，为了得到自己想要的色彩效果，也可以亲自进行色彩调试，不过这就要求设计师有一定的色彩调试知识，比如喷涂油漆的调试，就需要设计师了解油漆的种类、成分等。

"色彩成本"是指为实现某一个色彩所付出的成本。色彩的实现要考虑成本的问题。如色彩成本过高，导致销量/利润下降，则对于企业是不利的，通过色彩让产品的销量或利润提升，则是企业想要的。把控效果与成本之间的关系，对于CMF设计师来说是经常需要权衡的重要工作。

"色彩趋势报告"是指以报告的形式呈现色彩趋势，方便设计师选色或配色。市面上色彩趋势报告众多，趋势结果也存在差异。找到一份符合自身产品特点以及符合产品用户需求的趋势报告非常关键。设计师还可以自主研究趋势，建立自己的色彩趋势报告。

由于色彩的视感有多个维度，色彩的趋势也会因色系进行细分，例如金属色系可细分为：重色金属色、轻色金属色、冷色金属色、暖色金属色等。例如同一金色系由于不同明度、不同纯度、不同饱和度、不同彩度，造成冷暖度不一、饱和度不一、光泽度不一、通透度不一，我们都将它们称为金色色彩。因此单个颜色也有自己的流行趋势、发展历程和方向。

CMF设计师对色彩的应用更多地来源于自身的美学素养，来源于平日里对消费者情感与色彩感觉之间的默契。不同的设计师看同一份色彩趋势报告，对产品的赋色会有很大的不同，这也是设计的神奇之处，它不是数学题，没有标准答案，却又有市场反馈的参数值，所以最终答案还是有标准的，那就是在满足用户情感消费需求的同时为企业创造的经济价值。

CMF色彩设计的基本流程如下：

a. 色彩选定

色彩设计最为基础的是给产品选定一个颜色，如是白色、黑色、红色还是绿色，它的明度、彩度、纯度色值等。从表面上看就是赋予产品一个颜色，但学问在于为什么赋予这个颜色而不是那个颜色。选择背后包含了色彩心理学方面的知识，这也是CMF色彩设计的基础。

b. 色彩搭配

在色彩选定的基础上，通过色彩要素调和和对比变化，实现视觉感知上的情感升华，从而提高产品的感染力，以满足CMF设计的需要。

c. 色彩材料

理论上的色彩选定后，通过什么样的材料才能实现就成了不可忽视的问题。同一种色彩在不同的材料上会有不同的视觉效果，当然也存在着成本上的差异。所以我们除了要选择对理论上的色彩，也要选择对实际的材料，以实现CMF设计的效果需要。

d. 色彩工艺

材料选定后，色彩的最终效果离不开工艺的实现，同样的色彩、同样的材料，采用不同的工艺，最终的色彩效果亦存在着很大变数。因此采用哪种成型工艺与表面处理工艺也是CMF设计不可或缺的重要环节。

e. 色彩效果

在色彩、材料和工艺的选择中，不同搭配所产生的色彩效果变数是比较大的，最终的效果完全取决于设计师对消费者（用户）的审美趋势和情感归属理解，对色彩设计过程的控制，对具体色彩效果的定义，包括色系、材料和工艺。

f. 色彩打样

在色彩、材料、工艺和最终效果确定后，需要进行实际的色彩效果样板的打样，也就是把它们按照大工业批量生产的方式在手板厂或加工厂做出来，以确保最终效果达到预期的设计效果或者超出预期的设计效果。

（2）图纹设计

图纹设计指的是二维或者三维的图案和纹理设计。图纹设计最初在3C业，随后在家电业应用比较普遍，目前已拓展到汽车内饰方面。图纹设计是最容易体现设计的情感元素，是产品语义和表情的重要内容。图纹设计在各个行业中也有自己的发展历史和趋势走向，所以目前已有专门的图纹设计趋势研究和趋势报告发布。

图纹设计流程包含：验明需求、设计定位、灵感激发、创意构思、设计制作、设计实现。

a.验明需求

针对不同的产品、不同的市场和人群需求，图纹设计是有很大区别的，所以验明产品需求是图纹设计的第一步。例如图纹设计的是哪类产品？是第一代产品还是迭代产品？图纹设计的是什么产品？是冰箱、空调、手机还是洗衣机？是汽车内饰还是车体装饰？图纹设计面向的是什么样的消费群？是高档次、中档次还是低档次？图纹设计面向的是什么样的市场？是一二线城市，还是三四线城市？有哪些限制？

b.设计定位

在验明需求基础上，下一步就是对产品图纹设计进行设计定位。首先要分析过往的图纹历史与竞争对手的图纹现状，寻求设计定位。其次要了解市场上图纹设计的趋势和走向，寻求设计定位。其三要分析产品目标用户人群的图纹需求和喜好，寻求设计定位。其四要根据产品实际探讨图纹的表现形式。如是局部点缀还是主视觉承载？寻求设计定位。其五要依托材料与工艺对接图纹实现可能，寻求设计定位。

c.灵感激发

根据设计定位进行灵感发散和落点收集。这与常规工业设计的方法一致，在这里不赘述。

d.创意构思

将有价值的灵感结合企业需求、市场需求、产品设计的需求进行全面讨论、整理、验证和归纳，提出可行性设计提要。这与常规工业设计的方法一致，在这里不赘述。

e.设计制作

根据设计方向，进入到具体设计创作，从简易到细节逐步深入，利用二维或三维工具，转变为图案或者纹理。这与常规工业设计的方法一致，在这里不赘述。

f.设计实现

将设计好的图案纹理，制作成标准的加工生产文件，发送给工厂进行加工。根据工艺的不同，提供不同要求的加工文件。例如丝网印刷需制作分版图，标注网板目数、线数，每一版分别采用的材料、颜色、要求。例如打印或喷绘：需要提供源文件，根据不同的打印工艺提供相匹配的文件格式。例如压纹处理：需要将精细纹理做到钢辊上，所以需提供刻辊用的数据文件。例如做立体肌理、做CNC雕刻，或者制作模具等，那就要根据需要提供对应的3D数据。

图纹设计在具体应用中主要分为局部点缀类设计和满版装饰类设计两大类。近些年发展维度正在不断扩大，从具象到抽象，从平面到立体，尤其以语义学和心理学为学科支撑的情感化设计，让人总是忍不住去触摸和亲近产品，达到情感消费的满足感。

早期的图纹设计多数为局部点缀类的设计，CMF设计附加性现象比较明显，多数设计是在产品外观完成后附加上去的，所以在构图整体性方面随意性比较大。例如空调挂机的早期作品，空调面板图纹设计众多，构图更是不尽相同。图1-26汇聚了中国四款空调挂机图纹设计的早期案例图片，我们可以看到传统画面图案装饰的痕迹比较明显，这就是典型的点缀类的设计。

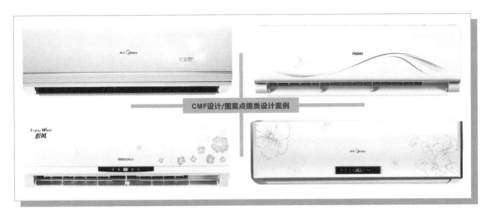

图1-26　汇聚了中国四款空调挂机图纹设计的早期案例图片

随着行业水平的不断提高，近几年图纹多以满版抽象为主，在空调中也得到了很好的表现。图纹设计神秘、隐约、细腻和层次丰富，比起早期的作品没有了以前的随意性，增添了产品语义的完整性，满足了消费者对精致生活追求的情感需求。图1-27是空调挂机通体图纹设计的案例，从CMF设计的角度更为主动，主题性、情感性和艺术性更强。

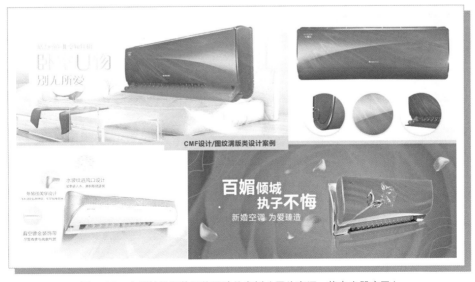

图1-27　空调挂机通体图纹设计的案例（图片来源：格力电器官网）

如今的图纹设计正在向着产品情感可视化、可触化的方向发展，要做到这一点，一方面对图纹语义的设计提出了更高的要求，同时对图纹与材料工艺的融合设计相结合也提出了更高的要求。这就要求CMF设计师不断加大学习和研究的力度，以跨学科的视野，敢于创新的精神，不断探索新的可能性技术的支持和新的产品情感语言的形成。例如目前市面上出现的较为流行的渐变纹理和肌理，不是采用常规的平面软件设计的，而是用软件编程实现的。例如海尔的3D打印空调、广汽的概念汽车等均采用了软件编程形成图纹的设计手段（见图1-28）。

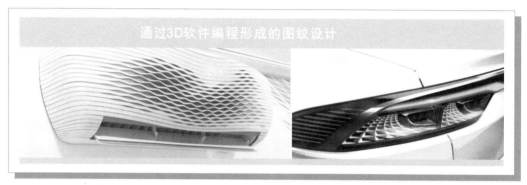

图1-28　海尔的3D打印空调（左），广汽的概念汽车（右）均采用了软件编程形成图纹的设计手段（图片来源：企业官方发布）

（3）材料与工艺设计

CMF设计中的材料与工艺设计主要是指对现有的成熟材料与成熟工艺的创新型应用，不是针对材料和工艺本身的创新。因为CMF设计师并不会去发明创造某种材料或工艺，而是通过对已有的材料和工艺从CMF设计的视角在应用层面上的创新，这种创新主要体现在对现有成熟材料和工艺潜力和特质的挖掘，通过材料和工艺上的跨界、融合和迭代创新应用，使企业原有产品视觉效果更好、性能更佳、生产效率更高、成本更低等，从而提高企业的竞争力。

对于CMF设计师来说，材料和工艺设计相对于色彩设计、图纹设计更具挑战性，并且耗时会更长。因为材料工艺的创新利用需要设计师花大量的时间和精力在常规材料与工艺的基础上去了解所在行业和跨行业的最新材料与工艺，并在熟悉其生产流程的基础上，才能有针对性地整合创新和利用。有关材料与工艺的创新利用主要可以分为优化创新、突破创新两大类别。

优化创新是指对原有材料、工艺、制造流程进行优化整合，使得原有产品在原有材料和工艺不变的情况下出新，一方面丰富消费者（用户）审美选择，一方面在成本上增加竞争优势。

突破创新是指引入本行业出现的新材料、新工艺和新的加工流程，与此同时从行业外引入材料、工艺和流程，使企业原有产品从整体面貌上出新，努力做到人无我有、人有我强的竞争优势，成为行业的引领者。

在CMF设计中对材料与工艺的创新，首先要有现有材料与工艺方面的背景知识；其次要有对现有材料与工艺进行组合性创新的实验数据；其三要有大胆启用新材料或新工艺，突破行业局限的精神。

材料与工艺是一个动态发展的知识体系，作为CMF设计师，要保持在该领域的领先性，就要始终保持开放的态度，多与材料和工艺企业沟通，多参加展会和论坛，多了解市场发展最新动态，多亲临产品与工艺制作现场参观学习，只有这样才能不断更新材料与工艺方面的知识，使得在材料与工艺创新应用中保持领先的位置。

例如，苹果公司进入消费电子市场的第一款产品是IPod。2001年IPod入市所采用的竞争点其中就包含了CMF设计中的材料与工艺上的创新应用。IPod产品从技术上看不是新物种产品，只是当时流行已久的MP3产品的迭代产品，说白了就是加大硬盘的MP3播放器。从当时IPod的体积看，在便携性和价格上并没有什么优势，但是从CMF设计的角度确是全新的，在色彩设计、材料与工艺的创新应用上获得了追求品质生活的城市白领一族的情感认同。特别是白色IPod耳机的设计当时几乎成了一种地位的象征，尽管佩戴的感觉并不好，且音质也相当差，但一条白色的耳机线就证明了你拥有一部IPod。那透明亚克力面板上配上环形白色塑料按键，大面积的不锈钢机壳和纯白色的耳机，使得Ipod完全颠覆了MP3的传统形象和用户体验，显得格外别致独特，应该说CMF设计为苹果公司敲开高端消费电子市场的大门增添了信心，并在后续的产品中大展拳脚。图1-29是第一代Ipod的产品和广告图片。

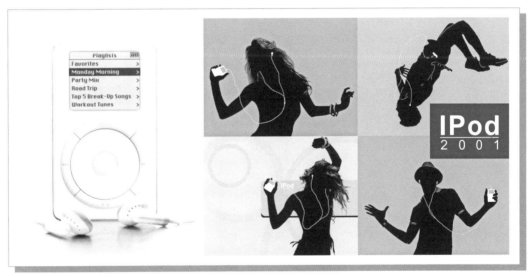

图1-29　2001年苹果公司首发的第一代IPod产品以全新的CMF设计获得了高端消费者的情感认同
（图片来源：苹果公司官方公开发布）

1.4.3　后端转化阶段

中端设计完成后，将进入将设计概念变成实实在在的产品的后端转化过程。后端转化阶段的主要任务是将中端设计阶段所提出的CMF设计方案，根据产业链的配套条件进行产品的批量化。也就是说从CMF设计创意、CMF设计的手板到可量产化的工件和实体化产品。

在后端转化阶段所需要的主要技能有：色彩转化、材料选择、工艺协调、供应链评估、设备鉴别、加工制造过程监管和整体质量控制等方面。后端转化阶段的目标就是高质量地完成产品从设计到实物的转化。

转化的基本流程为：手板制作、打样（色彩打样、材料打样、工艺打样、图纹打样、手板打样）、封样。

（1）手板制作

产品手板是指产品定型前所制造的样件或模型机。样件主要包括产品的结构件和外观造型件。手板制作的目的是对设计方案效果吻合度的验证，必须认真对待，因为手板制作的好坏直接关系到设计方案是否能够通过评估。

手板制作通常为一台测试模型机，最多也只是小批量的测试模型机，所以手板制作方法与大批量生产方法是有差别的。目前手板制作多数会采用加工中心、3D打印、手工制作和复模等方法。

作为CMF设计师，为了保证手板达到CMF设计的效果，手板制作的跟单是非常必要的。目前CMF设计的手板制作一般为两种途径。一是与手板厂合作，一站式解决问题；另一种是与生产厂家协作，在生产车间完成。不管是哪一种，作为CMF手板跟进的设计师都需要在有限的资源和时间内高效地实现设计的预想效果，并且在手板制作的过程中，在确保设计效果的前提下，从众多的材料和工艺中选定和制定出在量产时单件生产成本低、生产效率高、质量品质可控的落地方案。图1-30是手板厂部分车间和样品集锦。

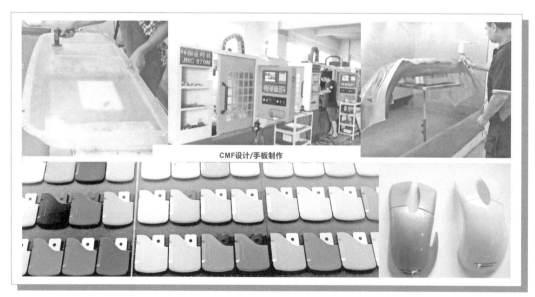

图1-30　手板厂部分车间与样品集锦（图片来源：CMF军团资料）

（2）打样

打样是指制作产品样品。样品是按照量产化的标准进行的真实产品样件或样机制作。在此阶段，CMF设计师将最终设计数据（经过手板验证和调整后的设计）和批量生产的具体要求提供给生产企业，生产企业将根据设计要求进行测试性和调试性加工。CMF设计师将通过远程或现场沟通的方式，指导工厂按照设计的要求进行样件制作，为下一步量产化确定标准。

打样过程要确认的主要内容有：产品外观颜色与相关工艺的确认、材料与相关工艺的确认、图纹与相关工艺的确认、整体效果的确认、生产过程控制标准化确认（包括量产产品最终工艺品质标准保障体系，生产制程的可控体系，表面精细度、手感和外观整体效果良品率可控体系），以确认保证产品在量产过程中达到CMF设计的最终需要。

柔宇科技在北京国家会议中心举办2018全球新品发布会，会上正式亮相了具有革命性里程碑意义的全球首款可折叠柔性屏手机——FlexPai（"柔派"）。现场展示的就是一款具备了量产化所有品质的产品样机（见图1-31）。

图1-31　全球首款可折叠柔性屏手机样机——FlexPai "柔派"（图片来源：柔宇科技公司官方公开发布）

（3）封样

产品封样是对产品颜色、效果、品质的最终确认，也称之签样。

封样件是指品牌企业与生产加工企业双方共同认可的最终确认的产品效果样件。样件中的主要特征描述必须是共同认可的，因为样件代表了能够批量化生产的标准件，是作为日后双方履约产品品质标准验收的实物样板。

CMF封样适用于新产品开发和现有老产品封样失效两种情况。CMF封样主要涉及产品的结构件和产品的颜色、材质、样式和表面质感等方面。不同的企业由于产品类别和特征的区别，在CMF封样方面有着各自的特点。

一般来说，CMF设计师主要负责与产品外观品质效果有关的样件封样，而有关产品结构、性能、品质等方面的样件由工程师负责。而模具类产品，需要由结构工程师与模具加工方依据技术图纸要求进行全面确认完毕后，才能进行封样。

其它类产品的外观件，根据封样需求情况，经相关部门进行确认后，才能进行封样。涉及产品结构尺寸、表面质感、材质、加工工艺等方面的外观要求的样件封样，需要由结构工程师确认。涉及颜色、图形加工样式、LOGO样式等方面的外观要求的样件封样，需要由设计平台进行确认。

需要说明的是：

① 对于技术文件不能完整地表达产品外观特性的零部件及整机情况，需由CMF人员

对样件进行外观方面的鉴定，并经技术人员、CMF相关人员和主要负责人审核批准，再经过检验、测量及试验设备进行校准后，出具产品鉴定报告后才能实施封样；

② 对于封样件，必须标注有封样件型号、名称、状态、生产厂家、封样时间、封样人等内容；

③ 样件封样后，应及时提供给供方及品牌企业生产进货检验部门，并提供给相关工程师留底，自行留底数量不得少于三件；

④ 供方变更及方案调整所送的样件应由CMF相关人员再次鉴定检验，经审核后再实施封样。

封样的判定程序一般情况是：涉及结构的，由结构部和结构工程师首先确定样件是否符合产品设计的要求，其中包括尺寸、加工、材料、表面质感等相关因素的判定，由设计部根据外观件的设计要求，对样件的颜色、图形和LOGO等表面处理加工样式进行审核，只有上述的每个步骤都已通过审核确认后，方可进行封样，保证封样的严谨统一性。

第二章

CMF色彩设计

CMF设计中的首字母C是英文单词color缩写，中文含义是色彩。

色彩是消费者对于产品感知的首要因素，自然也是CMF设计的重点。

从人的视觉感知成像规律中发现，物质空间、色彩、形状及动态是视觉感知的四大信息源，而瞬间进入人视野并留下印象的时间大约为0.67秒，其中色彩占到了67%，也就是说进入眼帘最快的是色彩，然后才是因光影所形成的空间、形态及动态。再就是色彩与人的情绪感知关系密切，在很多情况下消费者是根据自己喜好的色彩做出产品购买的选择。所以，色彩在CMF设计中排在第一位不足为奇。

目前许多国际知名品牌都极为注重产品中的色彩设计，并且把色彩作为产品的卖点，甚至是核心卖点。例如苹果手机为中国市场推出的土豪金就是非常成功的案例。

色彩设计是一个非常感性的概念，从设计的角度，色彩本身并不存在好与不好的问题。所以色彩设计研究的不是色彩本身，而是色彩与消费者情绪感知的对应关系，换句话说研究的是一种情感共鸣度的问题。

例如，任何一种色彩赋到某个特定的产品上，在使用环境和状态的综合作用下，让消费者能够感觉到某种情感的高度认同，那么这种色彩设计就创造了消费，形成了企业想要的商业价值。例如OPPO R11巴萨限量版手机在CMF设计上大胆采用了撞色设计，在小小机身的金属面板上，让时尚潮流元素与氛围融入手机，给消费者带来了意想不到的视觉和触觉上的多重认同。撞色虽然是一种直觉的把控，但要实现它，在技术上实属不易，也增加了手机的王者风范（见图2-01）。

图2-01 OPPO R11巴萨限量版手机在CMF设计上大胆采用了撞色设计
（图片来源：OPPO企业官方公开发布）

2.1 CMF色彩设计

关于色彩的专业书籍非常多，多数是色彩原理、色彩体系、流行色、色彩搭配、平面色彩设计、色彩构成、色彩心理学等方面的知识，但从CMF设计的视角将材料和工艺，特别是将色彩与消费者情感的共鸣关系纳入色彩设计的维度，目前还是空白。

2.1.1 CMF色彩设计基本流程

CMF色彩设计的基本流程可分为四个部分（见图2-02）。

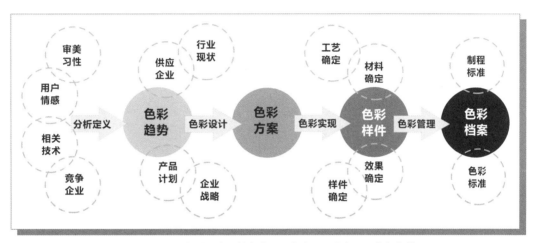

图2-02 CMF色彩设计的基本流程和方法（图片来源：李亦文绘）

（1）色彩分析

色彩分析主要是通过对用户情感与审美习性和竞争企业及相关技术的分析，针对性定义具体的色彩趋势，例如下一个季度或年度，应该开发什么新的色彩系列来与用户情感和审美习性对应。色彩趋势的定义将是下一步CMF色彩设计的重要依据。

（2）色彩设计

色彩设计指的是根据色彩趋势定义，结合企业策略与产品计划以及供应企业与行业现状进行产品外观色彩方案的设计行为。色彩设计主要是针对已定型的产品外观，采用电子、纸质、模型等设计辅助手段呈现色彩设计方案（主体色方案和色彩搭配方案）的整体效果。

（3）色彩实现

色彩实现指的是色彩设计方案落地。色彩方案主要是根据量产化的标准进行材料确定、工艺确定、色彩效果确定和样件确定。例如对于塑料件的赋色设计效果，色彩实施过程主要要考虑的问题是：采用哪种可量产化材料和工艺来实现？可通过制作实物样片的方法找到最为合适的实施方案，确定实物效果和建立标准。

（4）色彩管理

色彩管理就是建立色彩标准和色彩效果制程标准，以确保分批生产过程中色彩的一致性。同时还包括企业色彩档案库（如企业的标志色、标准色、基础色、流行色、产品批次色版、供应商信息等）的建立和管理。

2.1.2　CMF色彩设计的专业化

在常规的工业设计中，产品造型设计和功能设计常常是设计的重点，而色彩设计多半是在产品造型完成后的附加设计。

现如今，随着消费者对产品情感化需求的不断升级，产品的精神品质成了产品竞争力的重要因素，因此，在许多行业中有关产品的色彩设计已经走向了专业化发展的道路。特别是在汽车设计行业和消费电子设计行业早就开始设立专门的色彩设计师、色彩纹理设计师和色彩材质设计师的职位。色彩设计已经从常规的产品设计流程中剥离了出来，从被动附和的角色转向以色彩为重要卖点的主动引领的角色。特别是在技术稳定、造型无法突破、材料应用受到限制的情况下，色彩已成为企业拓展产品创新的重要方向。

例如，手机CMF行业从2012年起，铝合金材料的金属色成为手机的绝对主角色系，手机CMF围绕铝合金材料金属色所做的创新，一直持续到2017年。而自2017年年底，渐变色悄然登场，2018年渐变色则成为手机CMF设计的绝对主角。以色彩为核心的CMF设计创新首次在CMF行业中全面引爆。配合渐变色的材料包含铝合金、玻璃、塑胶；工艺则有真空渐变镀膜、浸染渐变、印刷渐变、色带转印渐变、阳极氧化渐变、喷涂渐变等。各大手机品牌纷纷推出不同形式的渐变色手机（见图2-03）。

图2-03　第一排为2012年后流行的铝合金金属色系，第二排为2018年开始流行的渐变色
（图片来源：Apple、OPPO等手机企业官方公开发布）

另外，从成本角度考虑，开发新色彩是相对节省成本的方式。应用色彩设计，可以为产品赋予更多创新点。随着消费的升级，用户对于产品的要求越来越高，综合的设计显得尤为重要，提升色彩设计能力为设计师提供了一个良好的创新窗口。

2.2　CMF色彩设计基础

就色彩构成（Interaction of Color）教学而言，其重点是培养学生对抽象色彩的认识，例如色彩间的相互作用、人对色彩的知觉和心理效果、色彩重组搭配的普遍规律等，从而提高学生抽象色彩思维能力、构成色彩思维能力、立体色彩思维能力。

对于色彩设计来说，色彩构成的训练是非常有必要的。然而对于更为专业的CMF中的色彩设计，色彩构成只是认识色彩的基础，而色彩感知原理、色彩与形体、色彩与面积、色彩与肌理、色彩与空间、色彩与位置、色彩与材料、色彩与工艺间的相互变化和相互作用对消费者（用户）感知系统带来的情绪和情感上的心理效应，是CMF色彩设计的重点。

2.2.1　人眼的色彩感知原理

人对色彩的感知是建立在视觉生理特征上的光学效应。我们知道外界"光"刺激人眼的视网膜所引起的知觉称之为视觉，而彩色视觉便是彩色光对视网膜的刺激所引起的彩色知觉。所以我们能够看到物体的颜色一方面取决于外界的光，另一方面取决于人眼的视觉属性。现代神经生理学实验证实，在人眼的视网膜上大量存在着一种光敏细胞，这种光敏细胞按其形状的不同可分为两大类，一类是杆状细胞，一类是锥状细胞。

"杆状细胞"对射入光的强度很敏感，它具有分辨亮度差别的能力，但对颜色的分辨能力极差；而"锥状细胞"对亮度的灵敏度不高，但它却具有很强的分辨颜色的能力。白天亮度较强时，人眼主要靠"锥状细胞"产生视觉感知，所以白天我们能够看到万紫千红的彩色世界。而在夜间亮度较弱时，人眼主要靠杆状细胞产生视觉感知，所以夜间我们看到的物体只是灰蒙蒙的影像，颜色感知极低，几乎无色彩可言。

作为人眼的"锥状细胞"由于对光谱感受性能的不同可分为三种：一种对红光的感受性最灵敏，叫红色锥状细胞；一种对绿光的感受性最灵敏，叫绿色锥状细胞；一种对蓝光的感受性最灵敏，叫蓝色锥状细胞。三种细胞在某种光的刺激下，分别产生不同程度的兴奋，便产生相应颜色视觉的感知变化。如果三种细胞都兴奋，便会产生白色的视觉，如果三种细胞都不兴奋，便会产生黑色的视觉。从人的生理特征看，在长期的进化中人的视觉锥状细胞分别对红、绿、蓝三色光最敏感，所以在人类视觉世界中，红、绿、蓝三色光成为了合成自然界所有颜色的三原色（基色）。

除了人类视觉光敏细胞的色彩感知属性外，人类对色彩的感知还存在着视觉时间和空间的混色效应现象，也就是说人眼存在着视觉功能上的暂留现象。因此，当两种不同的色光间隔时间很短，先后对视网膜刺激，视网膜就分不出刺激的先后，只能产生一个总体的刺激知觉，这便是视觉的时间混色效应。同时，由于人眼存在一定限度的分辨本领，因此，当两束不同的色光同时对视网膜极小的范围刺激时，视网膜在某一极小范围中就无法分辨这两种刺激，只能产生总体的刺激知觉，这便是视觉的空间混色效应。彩色电视就是利用了视觉的这一特性。在彩色电视机荧屏上，规则地密集排列着许多能发出红、绿、蓝光的荧光粒，这些红、绿、蓝荧光粒在画面要求的统筹下由代表红、绿、蓝的三束电子束分别激活，从而在荧光屏上就产生了一系列的红、绿、蓝发光点，人的视觉锥状细胞在发光点的同时刺激下，由于视觉的空间混色效应（无法分辨出三色刺激点），于是便在视觉上合成出总体的彩色图像。

2.2.2　色彩体系与混色原理

CMF色彩设计是为了更准确、更快速地掌控和组织色彩方案在产品上的有效实施，对色彩的准确化认知、标准化解读和合理化应用。色彩的体系分类是色彩学的重要基础，到目前为止，常用的色彩体系主要分为两大类：一类是以色光为基础的混色体系，其原理是色光混色，称之为色彩的表色体系。另一类是以色料为基础的混色体系，其原理是调色混色，称之为色彩的显色体系。

色光的红、绿、蓝三原色与色料的红、黄、蓝三原色是两种截然不同的色混合原理。色光的红、绿、蓝光的三原光混合成无色，而色料红、黄、蓝却混合为黑色。色光混色属于加法混色原理，色料混色属于减法混色原理。色光相加会变亮，色料相加会变暗。无论是彩色显示屏、摄影、绘画、油漆还是彩印等，其实都离不开色光或色料两种不同混色原理，人类对色彩的感知其实就是人眼所接收到的当时混色（或是色光混色，或是色料混色）的结果。

（1）色光表色体系

色光表色体系是一种加法混色原理。色光表色体系指的是人们见到的颜色是在一定光的条件下所表现出的色彩，例如苹果的红色其实并不存在，而苹果的红色感知其实是来源于光线、苹果表面的反射和眼睛。所以，在光色表色体系中，所有的色彩其实是一种表象色，没有光、没有物体发射、没有人眼就没有颜色。当然由于光的存在，色彩才有可能被感知。

1802年英国生理学家托马斯·杨根据人眼的生理特征，提出了色光理论，发现了色光三原色R（红Red）、G（绿Green）、B（蓝Blue）的原理，即色光三原色（RGB）按比例相混能够生成其它任何一种色光，而其他色光却无法生成这三种色光。所以托马斯将R（红Red）、G（绿Green）、B（蓝Blue）这三种色光称之为色光三原色（RGB）。随后的实验证明，色光相加会越来越亮，而色光三原色（RGB）等量光相加会变成白光。这种有关色彩与光的共生关系就是RGB色光表色体系。现如今各类显示屏就是RGB色光表色体系实际应用的产物。例如，彩色电视画面颜色的合成便是这种。不同原色光的混合规律为：红光＋绿光＝黄光；绿光＋蓝光＝青光；蓝光＋红光＝品红光；红光＋绿光＋蓝光＝白光（见图2-04）。

对于色光表色混色系统的色彩测定，是通过相关仪器对可见色光三原色刺激量的测定，也就是在CMF界所称的"三刺激值"，我们通过三刺激值把色光刺激与色彩感觉对应起来进行准确的定量和标识。

目前对色光色彩测试的重要系统是国际照明委员会确定的CIE测色系统。该系统就是采用色光三原色刺激量的测定把观察者的色彩感觉数字化，具体的测试方法是通过光源、物体、观察者三方因素的集合，对色刺激与色彩感觉进行有机对应，从而对色彩进行确定。测定的共性条件为：光线射在物体上的角度是45°，观察色彩的方向为垂直方向。CIE系统用百分比的方式，把三原色之间的刺激值分别用X、Y、Z表示（见图2-05）。

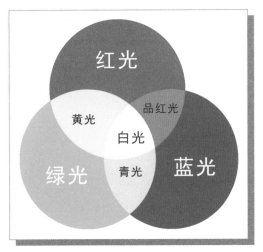

图2-04　英国生理学家托马斯·杨1802年提出的色光的三原色原理图（图片来源：李亦文绘）

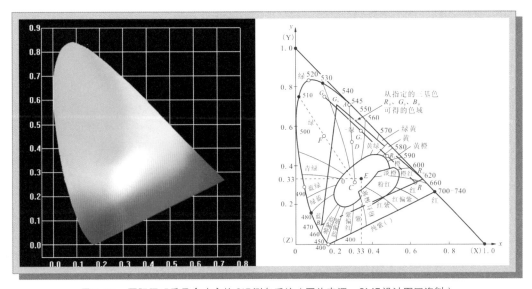

图2-05　国际照明委员会确定的CIE测色系统（图片来源：CMF设计军团资料）

就目前而言，CIE所使用的表色法，是最科学的、误差额最小的色彩表示法，这种测色法要依赖复杂的测色仪器设备，所以目前主要用于工业方面的专业测色。

因此，CMF的色彩设计所考虑的色彩不光是抽象颜料色彩，而是物体反射光线到人们眼内所产生的视觉色彩，应该说是在环境因素影响下的视觉色彩。从人眼的感知原理看，红、绿、蓝是人眼在可见光下的三原色。人眼是利用三原色色光的叠加从而感知到大千世界的绚丽多彩，这就是著名的光学三色原理。而这种方法所产生的色彩感知叫加法混色。屏幕显像和摄影等都是这种混色方法的具体应用。

（2）色料显色体系

色料显色体系是一种减法呈色原理。色料显色体系指的是绘画、彩印等的颜料混合呈色原理，是一种与色光加法混色方式完全不同的方式。在颜料色中，理论上说蓝

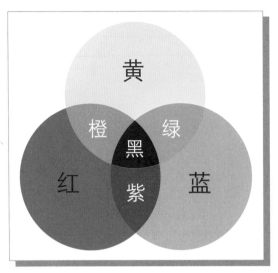

图2-06　色料三原色（图片来源：李亦文绘）

图2-07　四色印刷色标（图片来源：李亦文绘）

C（Cyan）、 红M（Magenta）、 黄Y（Yellow）是可以混合出其他色彩的基本色，也就是色料的三原色。

对于色料的三原色而言，色料混合后，光亮度低于原来色料的光亮度，混合色料数量愈多，被吸收的光线愈多，最终会趋于黑色。所以，色料的调配次数越多，纯度就越低，就会失去色料三原色原有的单纯性和鲜明性。原理上CMY三原色混合会变成黑色（见图2-06）。

但是由于油墨原料生产的局限，青墨的纯度不及洋红的纯度，这样做出来的灰色总是偏红的。为了弥补油墨工艺的不足，在彩色印刷中引入了黑墨来加强灰色的效果，使印刷品能表现出较佳的层次感，这就是我们在印刷中为色料的三原色（RGB）增加了黑，形成了今天大家所熟悉的四色（CMYK）印刷（见图2-07）。

不过CMYK四色色彩混合仍然存在着不够理想的地方，因此我们在专色色料技术上开始从黑色（灰色）开始向其它的色彩拓展，从而获得更高的色效品质。例如在Pantone的HexChome6色高保真印刷色中就增加了专绿及专橙两种专色，专绿及专橙的加入，大大提升了印刷中绿色及橙色的品质。

不管怎么说，今天的染料和油墨主要还是根据CMYK四种色料油墨相互组合的原理进行合成的，这种用CMYK四色混色的方式也就是我们俗称的色料减法显色方式。

绘画、彩印、油漆、摄影等用到的都是减法显色的混色方式。

（3）色彩表色色立体系统

色彩表色色立体系统是指色彩标准、色彩管理和色彩检测为一体的综合系统。色彩表色色立体系统主要是从色彩的明度、色相和纯度三个属性出发，按照色光和色料的显色规律、显色秩序进行排序、分类和命名，从而形成较为科学的、完整的和直观的色彩表色系统。

目前常见的有创建于1892年的孟塞尔（Munsell）色彩表色色立体系统、创建于1921年的奥斯特瓦尔德（Ostwald）色立体系统、创建于1964年的日本色彩研究所（PCCS）的色立体系统和创建于1930年的自然色色立体系统（Natural Colour System，简称为NCS）。

虽然这四种色彩表色色立体系统存在着一定的差异性，但也有一定的共性。所以对于CMF设计师而言，色立体系统只是一种显色和管理的方式，具体地说，只是为CMF色彩设计提供了直观感受抽象色彩世界的不同视角，只是拓宽了CMF色彩设计的用色域，只是把原本复杂的色彩关系以标准化的方式可视化，方便CMF设计师对色彩进行管理和使用，因此，对于色立体的色彩系统，CMF设计师不需要专门去研究，选择一种合适自己行业特征的系统加以应用就可以了。

① 孟塞尔（Munsell）色立体系统。该系统是由美国艺术家阿尔伯特·孟塞尔（Albert H.Munsell，1858—1918）在1898年创制的，在20世纪30年代被USDA采纳为泥土研究的官方颜色描述系统（见图2-08）。至今仍是比较色法的标准。相关内容查阅有关孟塞尔色立体系统的专业资料及书籍，在此不赘述。

② 奥斯特瓦尔德（Ostwald）色立体系统。简称奥氏色立体系统，创建于1921年，对后面几个色空间有深远影响。奥氏利用颜料调色的原理，将饱和度最高的单色颜料，严格按照1 : 1.6的步长变化添加等比例的白色和黑色，形成不同明度、饱和度的等色相三角形（色空间的纵向剖面）（见图2-09）。

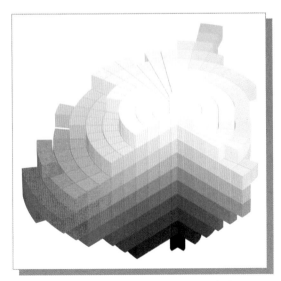

图2-08 孟塞尔体系的球体空间模型

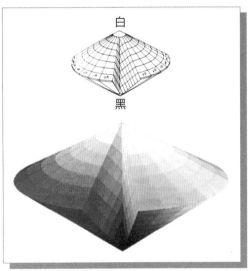

图2-09 奥斯特瓦尔德（Ostwald）色立体系统

③ 日本色彩研究所配色系统。日本色彩研究所配色体系Practical Color Coordinate System创建于1964年，它是在Munsell色立体基础上发展而成的，在色立体的整体造型上采用的是横卧蛋状，原理上是根据色彩三属性加以尺度化，并形成等距离的配置，比较适合设计师用（见图2-10）。

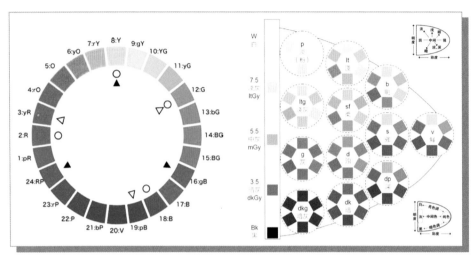

图2-10 日本色彩研究所配色系统

④ 自然颜色系统（Natural Color System）。简称NCS色彩系统，是根据人的色觉特点并按颜色的自然表现所制定的一种颜色分类和排列体系。由瑞典的斯堪的纳维亚颜色研究所于1981年提出。NCS色彩系统图谱包含1412种色样（见图2-11）。

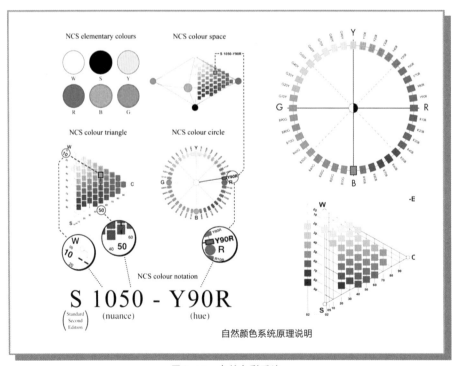

图2-11 自然色彩系统

综上所述，物体表面的色彩或表面颜料的色彩都是遵从色料显色体系中的减法混色原理。而色光（光源发出的光）的色彩却是遵从加色法三原色混合原理，这也就是加色法三原色又称做色光三原色的原因。或者说，光源发出的色光直接混合时，遵从色光表色体系中加法混色原则。而在CMF色彩设计中，设计师要特别注意的是自己的设计将在哪种色彩混色原理的载体上展示，以确保色彩的准确性。因为屏幕上显示与实物颜料的色效是截然不同的，所以在实物颜料的色效确认中专用的色表（色卡）是重要的标准道具。

2.2.3 色彩三要素与CMF色彩设计

色彩的明度、色相、饱和度是色彩构成的三要素。也就是说我们能够感知的任何一种彩色其实都是这三个要素的综合效果，其中"色相"来源于光波的波长，"明度"和"饱和度"来源于光波的幅度。

（1）色相（Hue）

色相（Hue）指的是色彩直观的外显相貌。例如红色、橙色、黄色、绿色、蓝色和紫色。对于多数人类而言，一般可以区分出180种不同色相，但这些色相都逃不出色彩的基本七彩（红、橙、黄、绿、青、蓝、紫）色相的范围。

一般而言，CMF设计师大多采用最直观色相来描述产品色彩，也就是用产品外表占据最大面积的色彩色相来描述。例如一部手机，我们会根据手机后盖的色彩（占据面积最大）红中带橙的色相来描述，这是一部"偏橙的红色"手机。不难看出，这里对产品色彩描述是一种直观的主色相和次色相的二元描述。

（2）饱和度（Saturation）

饱和度（Saturation）指的是色彩的纯净度，也可以称为色彩的纯度或彩度，从本质上看，饱和度取决于该色中含色成分和消色成分（灰色）的比例。含色成分越大，饱和度越大；消色成分越大，饱和度越小。鲜明度和纯度最高的颜色称之为"纯色"，如鲜红、鲜绿。混杂色上白色、灰色或其他色调的颜色是不饱和的颜色，如绛紫、粉红、黄褐等。鲜明度和纯度最低的颜色称为完全不饱和的颜色没有色调，如黑白之间的各种灰色。不同的色彩会给人的视觉带来，不同饱和度的感知，每种色彩的饱和度可分为20个可分辨等级。因此，在色立体系统中我们能够看到每种色彩饱和度的等级感知体量。

所谓"有彩色"指的是一种色光或色料的彩度值，"无彩色"指的是一种色光或色料的彩度值为0，对于"有彩色"的彩度（纯度）高低的区别方法是根据这种"有彩色"中含灰色的程度。除了追求一些特别的效果，在工业产品中的色彩饱和度多数都不会采用特别高，因为产品的色彩除了要与人居环境协调，同时还要考虑日常使用过程中眼睛的舒适度，所以，产品色彩多数是选择中低饱和度的色彩。

图2-12是华为的草木绿手机，虽然是沿用了2017年Pantone年度色草木绿，但是并没有一模一样复制原先饱和度相对较高的绿色，而是根据调研结果，选择了接受度最高的低饱和度的绿色，使手机色相更柔和、更适用于日常随身携带。

图2-12　华为的草木绿手机（图片来源：华为企业官方发布）

（3）明度（Lum）

明度（Lum）指色彩的明暗程度和深浅程度，也就是色彩的亮度。不同的色相色彩和同样的色相色彩都存在着明度上的变化。例如红色有深浅之分，而色料三原色中的黄色比红色明度高。除此之外，同样明度的色料覆在不同材质肌理的粗糙度上会改变色料的色彩明度，如咬花颗粒粗糙的亚克力比抛光亚克力明度要暗；还有不同的光线环境也会影响到色料的色彩明度，这些都是CMF色彩设计时特别要关注的细节。

色彩的明度是色彩之骨骼，它是配色层次感、立体感和空间感的灵魂，没有色彩骨骼彩色画面就难以成立，优秀的彩色画面去除色相和饱和度外，其核心骨骼就是由明暗形成的素描关系。没有素描关系画面就没有层次，就缺乏空间感。

例如以灰调子著称的代表性画家乔治·莫兰迪，它的作品多数用色含蓄细腻，混沌不明，常常被戏称为色弱鉴定图，但是，当我们去除了乔治·莫兰迪画面的色相后，我们会发现其实他画面中的明暗关系是清晰存在的，这就是他画面的骨架，也是他用色彩的骨骼（见图2-13）。

图2-13　画家乔治·莫兰迪和他以灰调子著称的代表性绘画

在CMF设计中，计算明度的基准是灰度测试卡。黑色为0，白色为10，在0～10之间等间隔的排列为9个阶段。CMF设计师丝印LOGO的时候，要与底色呈一定的明度对比，才能更好地"被阅读"。这种对比差值也要固定下来，特别是在同一产品不同色相的区域丝印，最好统一明度差值。

2.2.4　色彩冷暖

色彩给人视觉感知除了明度、色相、饱和度三要素外，还有一个重要的因素是色彩会使人产生冷暖的温度感觉，即冷暖色（cold and warm colour）现象。一般而言，红、橙、赭、黄等色会给人以热烈、兴奋的感觉，这类的色彩称为暖色。而蓝、绿、青等色给人以寒冷、沉静的感觉，这类的色彩称为冷色（见图2-14）。

图2-14　指甲油采用了冷暖色系的设计，满足不同用户的情感需求（图片来源：NFC官方发布）

不过，色彩的冷暖感觉是相对的，除红色与蓝色是色彩冷暖的两个极端外，其他许多色彩的冷暖感觉都是相对存在的。如紫色和绿色，紫色中的红紫色比较暖，而蓝紫色则较冷；绿色中的草绿色带有暖意，而翠绿色则偏冷。可见色彩的冷暖感觉是相对存在的，而非孤立的，如紫与橙并列时，紫色倾向于冷色；紫色与青色对比时候，紫色又偏向于暖色；紫色和绿色在明度高的时候近于冷色，而黄绿、紫红色在明度、彩度高时近于暖色。彩度高的暖色感觉重，彩度弱的冷色感觉轻。

2.2.5　无彩色和有彩色

我们说人眼感知色彩是通过光敏细胞实现的，而光敏细胞中的杆状细胞和锥状细胞具有不同的感知特征。杆状细胞对明暗的感知格外敏感，而锥状细胞对色彩的感知格外敏感，因此对人类的视觉感知就出现了有彩色和无彩色的现象。就CMF色彩设计而言，不仅仅关注的是有彩现象，同时无彩现象也是不可忽视的重要领域。

（1）无彩色

在CMF色彩设计中，无彩色指的是黑色、白色以及黑白两色混合而成的各种灰色系列。除此之外，我们把金色和银色也归入了无彩色的范围，虽然它们色相上接近黄色和灰色，但是由于它们不存在色谱之中，三原色无法调出，属于专色系，所以在CMF色彩设计中我们不能将它们归为有彩色的色系中。由于黑、白、灰、金和银的无彩特质，它们可以与其他所有的有彩色搭配而不起冲突，所以人们将它们称之为万能调和色。

在CMF色彩设计中，无彩色是十分重要的调和色彩，当两种有彩色发生视觉上的冲突时，我们经常会采用无彩色将它们隔离，使之达到和谐的效果。例如将背景采用白色或黑色等无彩色时，可以将画面上每种颜色进行区隔，色彩看起来会是各自独立的，整体会呈现出自然统一感。同时，五彩色可以使有彩色的色相更为突出，起到重要的烘托作用。因此，在CMF色彩设计中最能发挥有彩色色彩效果的其实是无彩色巧用。五彩色在黑白五彩色的烘托下色彩色相更清晰（见图2-15）。

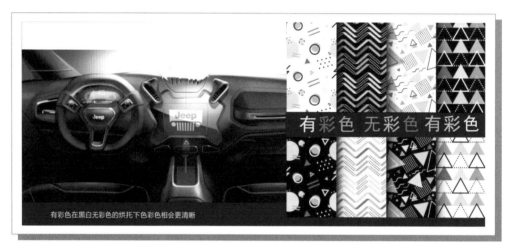

图2-15　有彩色在黑白无彩色的烘托下有色彩色相更清晰

（2）有彩色

有彩色是相对无彩色（黑白灰金银之外）而言的在色相盘上有的色彩。也就是光谱中的全部色彩，如红、橙、黄、绿、青、蓝、紫。理论上讲有彩色是无穷无尽的，人看到的颜色其实是有光（电磁波）反射到人的眼中呈现出不同的颜色现象。可见光的光波波长大约在 $0.39 \sim 0.76\mu m$ 范围内，换成视觉就是紫色到红色，由于光波波长的数值是递变的，所以颜色也是递变的，理论上在紫色与红色之间存在有无数种颜色。

值得一提的是，无彩色略带了一点点色相之后，就属于有彩色，如一个略带紫相的灰色属于有彩色。有彩色和无彩色的不同之处，除了具有一定的明度值以外，还存在色相和饱和度的属性。凡带有某一种标准色倾向的色（也就是带有冷暖倾向的色），即为有彩色。无彩色和有彩色常常是CMF设计师在整理色彩种类时的有效归纳方法。

在具体CMF设计配色定位时候，无彩色的使用常常是降低消费者情感影响的中性设计首选，能让更多的用户接受，做铺量的机型，特别是单款产品上市的情况下，首选无彩色是最为保险的做法。有彩色的设计方案多数是在已有的无彩色基础上，研究细分客户群体情感归属，大胆尝试其他合适的有彩色设计方案，这样可以获得细分人群的共鸣。

可见，CMF设计师在色彩设计中，要明确色彩语言的基本属性，根据产品行业特征和消费者的情感需求，提出可行的色彩设计方案，并尽量用明度、纯度、色相等元素来描述色彩标准并配上参考色板，而不能用无参数化的描述方式与企业沟通，如"亮一点""冷一点""太脏了"这些模棱两可的语言，这会给加工厂家或供应商造成很多误解。CMF色彩设计一方面要注意色彩基础知识的积累，一方面要有严谨科学的沟通语言。

2.3　色彩搭配

色彩搭配是利用色彩基本属性和原理，从色彩感知层面进行具有目的性的结合设计。色彩搭配在平面设计和室内设计中讨论和研究的相对比较多，而在常规产品设计中，由于关注点主要在产品结构和造型方面，对色彩和色彩搭配的关注相对较少。

从表面上看，许多色彩大师的经典配色似乎是出自大师们的天赋色感，其实色彩感觉的背后是有规律可循的。引用韩国媒体专栏作家崔京源的一句话：真正杰出的时装设计师，不会把色彩放置在所谓的"感觉"里（虽然这样做的设计师为数甚多），杰出设计师的作品，如果我们稍加分析，便可看出他们对于色彩的应用是多么具有严密性和逻辑性。

可见，色彩搭配的艺术离不开色彩原理的支撑。市面上现在有很多色彩搭配的书籍和资料、色彩搭配的表格等，均从色彩的原理出发给出较为直观的色彩搭配参考方案，也有从色彩与人普遍的情感认同上给予原理上的描述。

2.3.1　色相环

色彩搭配的基础离不开对色相环规律的掌握，要自由地进行色彩搭配，认识色相环是认识色彩关系的重要手段，而自制一个色相环也许是更好认识色相环的方法，许多画家和设计师都是通过自制一个色相环来加深对色相环的认识。

色相环是由科学家伊顿首先发明的，为了更容易看出及记住色彩之间的关系他将色彩排成一个色环，这样使得光谱色的固有关系变得显而易见。从色相环中我们可以清楚地看到，邻近的色彩之间彼此"相似"，相对应位置的色彩彼此"互补"。艺术家Marc Chagall曾这样形容色相环中这一奇特的规律：所有的色彩都是隔壁色彩的朋友，而相对位置的色彩却是爱人。

为了让色彩的排列更科学、更有指导意义，科学家和艺术家在色相环的研究上做了很多努力，在上面谈到的基本原理基础上，出于不同使用对象的需要创造了色彩数量和排列位置不同的色相环（见图2-16）。

对于CMF设计师，挑选其中一个色相环作为认识和分析色相环原理的范本即可，本书选择的是伊顿的色相环。虽然伊顿色相环存在着由于颜料化学成分的限制，红、黄、蓝色无法调配出所有的色彩的缺憾，但从色彩的表色规律来看、是科学的。伊顿色相环自1920年成型后形成了非常多的配色理论和色彩技巧，清晰易懂，非常适合设计师们使用。

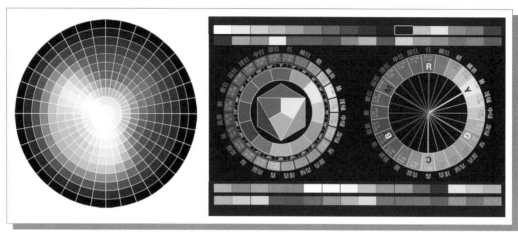

图2-16 色相环（图片来源：李亦文绘）

伊顿色相环共12个颜色，其原理是红黄蓝三原色为色相环中间的三角形，然后两两原色结合形成橙、紫、绿三个一级间色，三个原色和三个一级间色再两两间色结合，生成黄绿、蓝绿、蓝紫、红紫、橙红、黄橙6个第二级间色（见图2-17）。

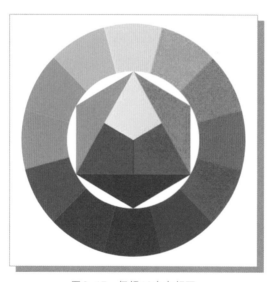

图2-17 伊顿12色色相环

2.3.2 色彩搭配基本色原理

"求同存异"是色彩搭配的基本规律，虽然色彩之间存在着色相、明度、纯度和冷暖上的差异，但也具有着属性上相似和互补的共同点，因此如何彰显色彩差异的对比，如何发挥色彩共同点的和谐是色彩搭配的永恒课题。

我们所感觉的色彩有千种万种，色彩之间在我们感知中的对比和协调关系是客观存在并且是永恒不会变的，如何在客观存在的色彩关系中平衡好色彩色相、明度和纯度之间的对比与协调的关系、冷暖色之间的对比和协调的关系，以及通过色彩搭配和色彩调性

（灰、低、中、高、亮等调子问题）建立起与人类色彩心理感知的对应关系，是色彩搭配的目的。下面我们从色彩的色相、明度、纯度和冷暖四个方面通过实际举例来加以说明。

（1）色相与配色

a. 同一色相的配色

所谓同一色相的配色是指相同颜色的不同纯度和明度的搭配，例如深蓝与浅蓝搭配，由于色相相同，这种配色在色调上是一致的，所以色彩感觉相对比较含蓄、柔和，色彩效果亦比较和谐和统一（见图2-18）。

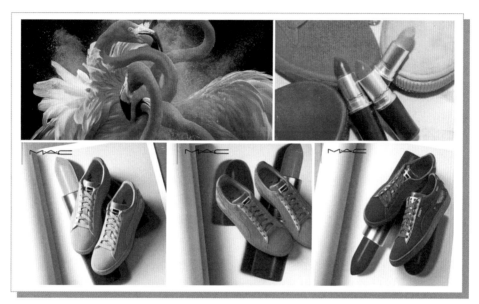

图2-18　口红和鞋，MACX和PUMA两家品牌联合开发的同色系口红和红鞋系列，
采用的就是同色相的设计（图片来源：MACX、PUMA官方发布）

b. 邻近色相的配色

色相环上任意一色的相邻色为邻近色，在伊顿色相环上的间隔在30°以内，如橙色与橙红色。邻近色虽然在色相上有所区别，但由于色彩邻近，对比性相对比较弱，属于色彩比较和谐的配色，且比同一色相的配色更有变化和更为丰富，是一种非常安全好用的搭配方式。

c. 类似色相的配色

色相环上间隔在30°～60°以内的色彩称之为类似色。与同一色相和邻近色的配色相比，类似色在色彩对比上更有层次感，色彩变化更丰富，但亦不乏和谐感，在具体的配色中适当地调整其明度和纯度，或点缀少量的对比色，能取得较为理想的色彩效果。

d. 中差色相的配色

中差色介于类似色和对比色之间，色差变化较大，是一种中强度对比的色系，在色相环上间隔在90°左右的色彩。中差色配色在视觉上有很大的张力效果，清新明快又很有个性，这种配色方式在色彩设计中应用广泛。

e. 对比色相的配色

对比色色差较大，对比鲜明，是色相环上间隔120°左右的色相对比。其色彩对比强烈、饱满、醒目，具有很强的视觉冲击力，仅次于互补色。对比色有很多经典的搭配案例。

f. 互补色相的配色

互补色对比是最强、最极致的色相对比，是色环上间隔180°的色相对比。特点：色彩对比强烈、鲜明、刺激，如：红与绿、黄与紫、橙与蓝。

（2）色彩明度与配色

每种色彩有各自的亮度，在灰度测试卡上都具有相应的位置值。无彩色中，明度最高的是白色，最低的是黑色；有彩色中，明度最高的是黄色，最低的是紫色。

明度对比所产生的明暗对比，是一切色彩的共同属性，影响色彩的层次与空间关系，对产品配色的清晰与明快起着关键性作用，是拉开色彩层次的有效手段，特别是多配色方案的产品陈列在同一卖场时，更要留意明度调性的对比。

根据色彩明度的高低对比，分别传达了不同的视觉感受。高明度具有轻快、纯洁、淡雅之感；中明度具有含蓄、稳重、明确之感；低明度具有浑厚、沉重、压抑之感，结合明度对比的强弱，有高长调、高短调、高中调、中长调、中短调、中中调、低长调、低短调、低中调等九种调性，此处不一一列举，可以找一本色彩构成的书结合产品配色来理解。

明度一致是一种搭配手法，将不同色相不同纯度的色彩组合统一协调起来，看起来每种颜色都是均等的，不会出现明显的强弱和对比，除非刻意渲染柔和暖昧的弱对比效果。通常单个设计中不会全部使用明度一致的颜色，但可以用在某部分使其显得和谐统一，但产品系列里会使用明度一致的搭配，使系列组合更和谐。图2-19是2018年国际CMF大赛的获奖作品，箱体的色彩就是采用了明度统一的设计手法，使不同色相的色彩在同一箱体上协调统一。

图2-19　2018年国际CMF设计奖的获奖作品（图片来源：国际CMF设计奖官网）

（3）色彩纯度与配色

色彩的纯度对比是一种潜在而低调的对比。色彩的纯度越高，视觉感知上的对比越强，视觉效果就越刺激；相反，色彩的纯度越低，视觉感知上的对比就越弱，视觉效果就越平实。当然这种感觉与所处的环境有很大的关系。在英国由于常年缺乏阳光，而在意大利常年阳光充足，同样的色彩纯度在英国和在意大利视觉感知是有很大区别的。所以色彩纯度的对比应用要根据不同的使用环境，运用得当可以使要突出的颜色鲜明有度、富于个性；运用不当，就会出现色彩灰、脏、闷等模糊不清的感觉。

在色彩构成里，把不同色相的纯度大致分为三种调子：艳调——高纯度基调，纯色或稍带灰味的纯色；中调——中纯度基调，介于高纯度与低纯度之间的色彩；灰调——低纯度基调，接近中性灰的色彩，分别代表或强烈或温和或暧昧的不同特点。在纯度对比中，根据纯度的鲜灰和对比的强弱，可以将纯度划分为鲜强对比、鲜弱对比、鲜中对比、中强对比、中弱对比、中中对比、灰强对比、灰弱对比、灰中对比九种对比配色。此处不详细说明，可以结合产品对比分析。

纯度对人的心理有较大的影响。纯度越高，越让人感到刺激热烈；纯度越低，越给人沉稳含蓄的印象。统一使用纯度高的色彩配色，因为每个色彩的张力都很强烈，色彩与色彩间的冲突会让人感受到强烈的对比；用纯度低的颜色来统一配色，可以使整体带有灰暗、安宁、沉稳的印象，纯度降低时对色相的感觉变化较小，有时候也会产生使用的色彩数目不够多而给人冷清的印象（见图2-20）。

Vans/范斯防水皮质中筒滑雪冬季棉男靴
采用了色彩纯度高的设计手法

Vans/范斯中筒滑雪时尚印花男靴
采用了纯度低的设计手法

图2-20　Vans/范斯男靴设计（图片来源：Vans官方发布）

（4）色彩冷暖与配色

在CMF色彩设计中色彩的冷暖色性需要活学活用，不能生搬硬套。产品定位和人群情感的归属会直接影响到产品冷暖色的设计，比如，早期的冰箱采用的大都为冷色，因为冰箱是制冷的设备，所以传递制冷的感觉更为贴切。然而随着家居一体化，冰箱已成为家居环境中的一部分，冰箱的色彩也需要融入到家居的整体色调之中以展现主人的品位，因为今天的人们已认识到冰箱是否传递制冷的感觉并不会影响到冰箱的制冷效果，而冰箱是否与家居环境协调更为重要，所以今天冰箱采用暖色系的比比皆是，如黄色、红色和渐变七彩等暖色系冰箱。可见，在CMF色彩设计时，产品的使用场合和人群定位决定了冷暖色的设计。图2-21是海尔的暖色系冰箱，用色大胆。

图2-21　海尔的暖色系冰箱（图片来源：海尔官方发布）

冷色和暖色是一种色彩感觉，冷色和暖色没有绝对，冷暖对比是相对而言的，绿色放在黄绿色中，绿色成为冷色，把绿色放在蓝色中，绿色看起来会感觉变暖。冷暖对比也有强弱之分，冷暖属性越邻近的颜色其冷暖对比就越弱，到达冷暖两极则形成冷暖的最强对比。

产品配色的冷色和暖色的面积分布比例决定了产品的整体色调，也就是冷色调或暖色调，表达了不同的意境和情感。

总的来说，色彩的冷暖对比是色彩对比中最能展现产品魅力的一种形式，但色彩的冷暖对比不可能孤立存在，而是与色相、明暗等其它色彩因素息息相关，应该综合的考虑。

除此之外，由于色彩表色色立体系统的不同，在配色上有各自的方法，例如在奥斯特瓦尔德表色色立体系统中就有单色相调和、双色相调和、多色调和等特色化的色彩搭配方法；在孟塞尔表色色立体系统就有面积调和、定量秩序调和等特色化的色彩搭配方法；在PCCS表色色立体系统中就有同一色调、类似色调、对比色调等特色化的色调配色方法；NCS表色色立体系统中就有色彩一致、黑度一致、色阶一致、白度一致等特色化的色彩搭配方法。

成功的色彩搭配并不会因为某个表色色立体系统而受到局限，最为关键的是在配色中不仅要做到色彩的协调与和谐，同时还应该重视色彩搭配所形成的层次感和节奏感。通过不同色彩因素的对比来寻找色彩搭配形成的视觉感知上的差异性、独特性和协调性，色彩的色相决定的是视觉情感的基调，而色彩明度决定的是视觉情感的强度，而色彩纯度决定视觉情感的态度。

2.3.3　色彩搭配常见问题

在CMF色彩设计中产品的色彩搭配不同于纯视觉的色彩搭配，如绘画等。纯视觉的色彩搭配是理想化的和抽象的，而产品的色彩搭配所涉及的因素要远远多于纯视觉的色彩搭配，除了上面谈到的色彩本身原理层面的配色要点外，还涉及到材料、工艺和消费者审美习性等的变化，所以在产品的色彩搭配中常常会出现下列问题。

首先，对色彩表色立体系统缺乏较为深入的认知和研习，对不同色彩体系的配色特征没有系统地解读和熟知，在配色上缺乏准确性和创新性，所以在具体的配色时只会凭感觉来配色，或者模仿竞争者的产品配色。

其次，不研究产品色彩的流行趋势，光凭教科书中的配色规律进行配色，忽视同一色彩的搭配在不同的产品和不同的时间段对消费者具有不同内涵联想和心理情感归属。虽然这种配色方案在色彩的原理上并没有不妥，但对于CMF色彩设计而言，脱离了市场和人群定位的配色就是失败的配色方案，即使在设计原理上是正确的。所以对配色而言用户合适才是硬道理。

其三，对工艺、材料及成本管控缺乏了解。脱开材料工艺及成本，产品色彩就无法与材料工艺很好地结合，也就无法达成色彩效果的预期，这对于CMF色彩设计而言是非常严重的问题，因为再正确的色彩设计如果无法落地那就没有价值可言，这是万万不行的。

其四，不认真对待企业的产品色彩管理工作体系。企业的产品色彩管理工作体系是色彩平稳落地的质量保证，忽略色彩管理工作体系，就会缺少产品色彩语言的整体规划，产品的色系就会五花八门、乱七八糟，一方面会增加运营成本，另一方面会增加品质控制的难度。

2.3.4 CMF设计用色的发展规律

一般来说，CMF色彩设计的用色，对多数设计师或设计团队而言在色彩的运用上都存在着一个有趣的现象，就是从"less-more"到"more-less"的轮回规律。从苹果公司的产品CMF色彩设计发展过程看也是遵循了此规律（见图2-22）。

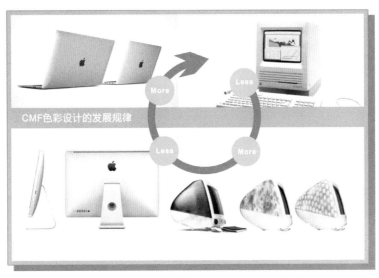

图2-22　苹果公司产品CMF色彩设计是从"less-more"到"more-less"的
轮回发展过程（图片来源：苹果企业官方公开发布；图表设计：李亦文）

第1个阶段，CMF色彩设计师或设计团队常常觉得无色可用，无色敢用，多数会选择一些中性的颜色，如黑、白、灰、金和银等，觉得这样最安全。

到了第2个阶段，CMF色彩设计师或设计团队突然觉得有太多颜色可以选择，开始什么颜色都可用，什么颜色都敢用，赤橙黄绿青蓝紫，所有的基本色相都想用。这时常常会出现配色效果过度堆砌现象，缺乏重点，没有思考，没有章法，只要是他们从市场上、展览上、资料上看到的竞品颜色、爆品配色、当年流行色、个人偏好颜色，拿起来就用，不加过滤。

到了第3个阶段，CMF色彩设计师或设计团队突然觉得又一次无色可用。但不同于第一阶段，开始懂得less is more在配色上的重要性，在方法上有了一些积累和沉淀，这时他们开始通过各种色彩管理方法将色彩进行归类、细分、取舍和提炼，用色开始追求精益求精，每用一色，都会综合考量饱和度、色相、明度、文化含义、使用场景、载体材质、实现工艺、情感互动等因素。这时色彩虽少，效果却能够达到独到、夸张、概括和确意。

到了第4个阶段：CMF色彩设计师或设计团队开始精准拿捏每一种色彩，开始尝试使用更多的色彩可能性。但这个阶段的色彩"多"，不是色彩的堆砌而是色彩的富有。

2.4　产品色彩设计开发流程

产品色彩的开发设计流程因行业不同、公司组织架构不同而有所差异，下面讲的是3C行业的产品色彩开发设计的通用流程，仅供参考。我们说，产品色彩的开发设计（产品配色）会出现在产品周期的不同阶段，主要可分为新产品开发阶段和老产品再设计阶段。对于新产品而言，CMF色彩设计固然重要，但所占整个项目的设计比重并不大，而对于老产品就不同，CMF色彩设计却是主角，有时会通过一次配色、二次配色甚至三次配色来增加产品的生命周期。所以，CMF色彩设计的真正价值多数是对老产品的二次创新，任何一次产品色彩的创新都是从立项开始，这就是CMF色彩设计开发流程的起点。

其实CMF色彩设计的流程就是CMF的设计流程，因为具有情感色彩的效果离不开材料、工艺和图案的一体化设计，所以这个流程具有一定的通用性。整个流程分为设计前期（项目立项、调研和分析）、设计中期（设计初步、评审、最终效果方案、评审、模型手板制作、评审）和设计后期（试产、封样和量产）（见图2-23）。

2.4.1　CMF色彩设计前期

CMF色彩设计前期包括项目立项、调研和分析。立项的基础是对相关信息的调研，这之间是多次反复的关系，立项调研的目的只有一个，就是确定产品色彩设计的落点，换句话说就是产品色彩风格的战略性定位。

立项是CMF色彩设计起点，没有立项，CMF色彩设计没有方向。因为项目的性质决定了色彩设计的需求落点。

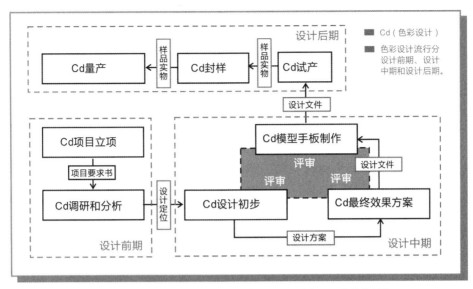

图2-23 产品CMF色彩设计通用流程图（图片来源：李亦文绘）

对于新产品（新物种）而言，没有直接对应的竞争产品，所以消费者（用户）在选择消费时更多地是从产品新功能的角度加以评判，对色彩的关注相对比较宽容；而对于老产品而言，竞争产品相对比较多，且在功能上同质化现象严重，所以消费者（用户）在选择消费时，色彩情感认同就显得比较重要，因此对于这类产品的CMF色彩设计前期就必须认真对待，立项要发挥集体力量（如销售、设计、工程、生产、管理等部门）进行充分讨论，确定项目的人群落点和产品市场落点，并制定出详细的CMF色彩设计目标要求书。调研要发挥实事求是的精神，设计师必须通过第一手资料真正了解目标用户的需求（情感需求、成本要求）和企业的条件与需求（供应链现状、企业短期目标、企业战略目标）。调研不是形式，而是要求设计师通过调研在掌握目标用户群、细分市场、区域特点、销售渠道、对竞品（竞争产品）CMF色彩材料工艺现状与趋势、品牌诉求和营销手法等信息基础上做出产品CMF设计风格的精准定位。

2.4.2　产品色彩设计开发中期

CMF色彩设计中期包括设计初步构思、初评、设计最终方案、中评、模板制作、终评6个步骤。

第一步，设计初步构思

根据产品色彩风格的精准定位，初步提出一系列比较切实可行的（情感语言的可行性、材料工艺的可行性、成本及工期的可行性）CMF配色方案。

第二步，初评

根据目标用户群、细分市场、区域特点、销售渠道、竞品（竞争产品）CMF色彩材料工艺现状和趋势、品牌诉求和营销手法的相关数据，对初步配色方案设计做一次综合评审，为下一步的深入设计选择出较为接近的配色方案。

第三步，设计最终方案

针对上面的评审意见对选出的配色方案进行进一步的细化和完善，特别是针对材料的选择和应用，色彩风格的比较和确定，量产可行性的分析和认定，成本区间的控制和风险评估等方面做出详尽的说明。

第四步，中评

CMF色彩设计师将通过设计报告的形式（PPT形式）详细呈现最终的配色方案设计，并结合实物样板和参考案例以形象方式将设计理念和设计效果详细清晰地表述出来，评审成员将根据目标用户群、细分市场、区域特点、销售渠道、竞品（竞争产品）CMF色彩材料工艺现状及趋势、品牌诉求和营销手法的相关数据进行再一次的确认设计方案的匹配度。如果方案还存在某一方面的瑕疵，设计师将进行再次修改和再次评审，直至最终设计通过中评，并提交最终设计方案的实施文件（图纸、效果图和色板等）。

第五步，样板（手板）制作

手板厂或生产加工厂将根据最终设计方案的效果按设计文件的要求进行实物样板的制作，将设计师的虚拟效果真实地在产品模型上表现出来（色彩、材质机理及工艺融合效果）。

第六步，终评

CMF设计师将以手板实物的方式呈现最终的设计效果，终评审成员将根据目标用户群、细分市场、区域特点、销售渠道、竞品（竞争产品）CMF色彩材料工艺现状及趋势、品牌诉求和营销手法的相关数据进行最后的确认实际样板的匹配度。如果在材料和工艺上没有完全达到设计的效果，将对材料和工艺进行适当的调整，直至达到相对接近的效果为止，这时设计方案将可以进行试产。

2.4.3 CMF色彩设计后期

CMF色彩设计开发后期包括试产、封样和量产三个步骤。这个阶段是设计方案的最后落地阶段，品质控制是关键。

第一步，试产

试产是指量产前的准备工作，例如根据最终的产品色彩设计方案制作具体的配色方案说明+丝印源文件+工艺材质说明等；与供应商详细沟通具体的加工方式和工艺细节；检讨生产过程可能产生的CMF品质风险，并通过试产过程的逐步调整制定避免品质风险的解决路径。

第二步，封样

封样的目的是为了量产过程的质量控制。量产的产品质量是否达标取决于所封的样件，即留存的实际产品的色板样品。封样要一式多份，设计师、项目经理、供应商、采购处等都要留存，以便对量产的产品对版。值得注意的是，所封色样的品质应该取试产过程中的平均值，考虑合理的容差范围。如果我们取样的容差范围太小，量产时的成品率将无法达到，这样直接影响量产的可行性。

第三步，量产

CMF色彩设计方案的最终落地。不过在量产过程中CMF色彩设计师应该持续跟进，因为在量产过程中，有可能会出现生产供应商的更换，材料和生产工艺的调整和改变等问题，需要CMF色彩设计师辅助解决。同时还有一些后续的工作，如复盘整个项目过程、色板和过程经验的整理和入库、色彩的命名，以及辅助营销部门做好CMF的宣传。

这里的色彩设计流程只是一个通用流程，不同公司由于情况不同，在流程上会有变化，例如有些企业的配色是二次配色，无需走如此完整的程序；有些企业是以供应商新开发的工艺效果为设计导向，所以在程序上会有所不同；有些企业会导入外聘公司的设计团队一起工作，这样在程序上也会出现协同设计的环节；有些企业是预研项目，有些企业是高仿竞品，这些在流程上都会不尽相同。所以这个产品色彩设计流程仅供参考，不作为标准。

2.5 色彩命名

色彩命名是门大学问，好的色彩命名不光为产品的CMF设计画龙点睛，还为产品营造出更好的意境和品味，引起消费者的情感共鸣和注意、便于市场传播、深化产品档次和品位、提升品牌附加值。色彩命名的方法分为两大类：一类是按理性的色立体命名法；一类是按感性的营销命名法。

2.5.1 色立体命名法

在现代色彩体系建立之前，一般用非常感性的自然语言为色彩命名，自孟塞尔色彩体系开始，科学地采用色立体体系编号为色彩定名。色立体命名法是一种标准化色彩命名的方法，这种方法有利于国际性的通用，方便传播和色彩交流。

前面我们介绍过目前有不同的色彩表色色立体系统，它们各自有不同的色彩命名方式，根据命名我们可以一目了然地从它们的色立体系统中了解色彩的面貌。例如NCS色立体系统一个色彩的命名是"S 1070-Y10R"，这里S代表NCS色立体系统的第2版本，10代表10%的黑度，70代表70%的彩度，Y10R代表10%红色的黄色，从命名上看就可以看出这是一个很鲜艳的黄色。可见当知道NCS色立体系统的色彩命名规律后，就可以十分便利地通过命名对某色彩进行沟通、识别，甚至色彩专家们可以直接通过命名编号来进行配色。

当然孟塞尔、PCCS、奥斯特瓦尔德、CIE等色彩色立体系统都有各自的色彩命名方法，Pantone、劳尔等色卡也有各自色彩编号，RGB、CMYK体系也有各自的色彩标准化编号。这些都是属于理性的色立体命名法。

2.5.2 感性营销命名法

感性营销的色彩命名法在市场上比较常见。CMF设计师和营销部门赋予产品颜色各类浪漫的名称，例如奔驰的钻石银、劳斯莱斯的英吉利白等，这些词比起理性的色立体命名更具情感性，给消费者带来更多的想象空间和共鸣感，无疑对产品的销售起到很好的促进作用。

感性营销的色彩命名法要求CMF设计师必须从产品的传播策略出发，根据产品的调性深入挖掘产品色彩、材料、工艺的亮点，找到一个贴合产品定位和消费者情感属性的美好寓意，让一个产品（或一个系列产品）的颜色命名与产品的情感价值形成整体，从而感动消费者，使得消费者的情感成为消费的一部分（表2-01）。

CMF设计师可以以不同的维度来搜集整理，特别推荐了解中国古代特有的色彩命名，其诗情画意的神韵是现代色彩体系无法达到的，CMF设计师在日常应多积累、多沉淀，对于丰富色彩文化内涵，增加储备大有裨益。如果你想发展你的色彩感知，不妨从日常入手，从认识不同的色彩名字开始：霜色、黛蓝、石榴红等，更多的描述性词汇会带来更细微的色彩感知，语言在色彩分辨过程中起到重要作用。

无论是色立体命名法还是感性营销命名法，在CMF色彩设计中都是很重要的。色立体命名法是从理性的角度识别色彩、管理和应用色彩，具有很强的逻辑性和科学性；而感性营销命名法是从感性的角度识别色彩、管理和应用色彩，具有很强的形象性和艺术性。色立体命名法关注的视觉逻辑关系，在色彩国际化交流和传播方面具有优势，而感性营销命名法关注视觉心理感受，在产品情感消费和销售效果方面具有优势，所以这两种方法缺一不可。

表2-01 感性营销的色彩命名的部分案例汇编

命名方式	说明	示例
自然类命名	以植物或动物命名	茶绿色、玫瑰色、柠檬黄、蔓越莓红、象牙白、孔雀青、蟹青、海鸥灰、草木绿、珊瑚橙、藕荷色…
	以自然景色或天体宇宙命名	冰川蓝，北极银、冰河银、雪山白、宇宙黑，极夜黑、木星红、烈焰红、麦浪金、流星金、太空灰…
材质工艺命名	以金属、矿石等印象或工艺技术命名	祖母石绿、锆石英红色、月光石灰、陶瓷白、水晶灰、钻雕蓝…
	以颜料成分命名，分有机和无机两种成分	钴蓝色、钛白色、石青色、云母白、茜蓝、藤黄…
色相基本描述	在色相的基础上加上明度和纯度的修饰语	蓝紫色、黄绿色、亮黑色、亮白色、浅黄色…
生活方式寓意命名	以某些让人向往的生活方式用品及高端品牌命名	真丝米色、马卡龙粉、马鞍棕、Tiffany蓝、法拉利红…
地域命名	借某地域风情给消费者带来联想	撒哈拉米黄、挪威蓝、中国红、波尔多红、巴西黄、科隆绿、地中海蓝、阿尔卑斯白、希腊蓝、埃斯托里尔蓝…
艺术文化命名	以某些名人名画、传统文化命名	提香红、梵高黄、水墨灰、玄色、凡戴克棕、伊莎贝拉色…
互联网方式命名	以互联网轻松、混搭、戏谑的方式吸引年轻人群	Very Silver、Quite Black、Really Blue、井柏蓝、有点芒…

（图表来源：张兆娟绘）

2.6　色差管控

如今的消费者对于产品外观色彩的品质要求越来越高，特别是对色泽、珠粉颗粒等色彩视觉感知中的色差特别敏感。如何"管控色差"成为了CMF设计师的重要课题。当然"管控色差"也是规范产品用材料、成型工艺、表面处理与颜色效果吻合度判定的硬性条件，同时也是保证产品外观色彩标准在批量生产过程中，在客户、供应商和本公司之间保持一致的重要措施。

目前企业常用"管控色差"的方法是采用仪器测量和目测比对相结合的方式。具体地说，一般由CMF设计师提供一块标准签样色板，要求各零部件供应商生产的成品与该标准签样板相比，无论是目测比对，还是仪器测量，都应控制在上下限容差范围内，针对部分金属零部件，有的设计师还会给出九宫格容差标准。其目的就是控制色差在可接受的范围。

2.6.1　色差检测方法

目前国内对于"色差"的常规评价一般都是以目视为主、仪器为辅的判定方式。

（1）目视比对

作为目视色差评定的最基本条件，光是必不可少的，而自然光无疑是最符合客户实际使用状态的色差评定条件。1983年，国际摄影组织对摄影日光作出规定，标准日光指：太阳光在无云的大气中，在水平线上方呈40°角照射时，色温为5500K的阳光。实际上，人眼就是最高级的摄像头，因此这一规则同样适用于色差的评定过程。

色差评定的自然光的国标标准为：一般最好是北半球多云的北空昼光（从日出3h后到日落3h前，避开太阳光直射的北窗看到的天空光）或南半球多云的南空昼光，并且应没有彩色物体的反射光，如：红砖墙或绿树的反射光，并且照度不小于2000lx。同时，应该避免阳光直射。但是由于自然光不可控，同时受自然因素（阴雨天气、雾霾污染）和环境因素（场地、周边环境）影响太大。有时设计师反馈有色差，其实是因为观察条件不同造成的。有时设计师刚从油漆厂调配出来样板，拿回公司再看就发现颜色变了，甚至又返工重新调配，这通常是由于在不受控制的照明条件下进行样品评估或者同色异谱效应（即两个样品在一个光源下观察时匹配而在另一个光源下观察不匹配）导致。所以，要管控色差，首先要建立统一的观察条件。工程上，我们一般较多地采用人造光源来代替自然光源，即我们所说的"标准光源箱"。

因此，目视比对指的是将产品置于灯箱光源下，以正常裸视（1.0以上）目视检验，要求被检测产品与样品无明显色差。目视比对常用的标准光源箱是一种能提供模拟多种环境灯光的照明箱，一般可以提供：D65、TL84、CWF、F、UV五种光源。除非特殊情况，我们一般使用的是上述五种光源中最接近自然光的D65光源。

选择标准光源箱的重要参数有显色指数、色温、光照强度和同色异谱四个方面。

其一、显色指数

显色指数是光源显色性的度量，以被测光源下物体颜色和参考标准光源下物体颜色的相符合程度来表示。一般显色指数是光源对国际照明委员会规定的第1～8种标准颜色样品显色指数的平均值，通称显色指数，符号是Ra。我们平时说的"显色指数"，就是"一般显色指数"的简称。"特殊显色指数"是光源对国际照明委员会选定的第9～15种标准颜色样品的显色指数，符号是Ri。

当光源光谱中很少或缺乏物体在基准光源下所反射的主波时，会使颜色产生明显的色差。色差程度越大，光源对该色的显色性越差。所以，显色指数系数是目前定义光源显色性评价的普遍方法。标准光源箱的平均显色指数在Ra≥90才符合标准。

其二、色温

色温是照明光学中用于定义光源颜色的一个物理量。即把某个黑体加热到一个温度，其发射的光的颜色与某个光源所发射的光的颜色相同时，这个黑体加热的温度称之为该光源的颜色温度，简称色温。

色温的单位用"K"（开尔文温度单位）表示。色温是表示光源光谱质量最通用的指标。一般用Tc表示。一些常用光源的色温：标准烛光为1930K；钨丝灯为2760～2900K；荧光灯为6400K；闪光灯为3800K；中午阳光为5000K；电子闪光灯为6000K；蓝天为10000K。

标准光源箱的色温应在6500±200K之间才符合标准。

其三、光照强度

光照强度是一种物理术语，指单位面积上所接受可见光的光通量，简称照度，单位勒克斯（Lux或Lx），用于指示光照的强弱和物体表面积被照明程度的量。在光度学（photometry）中，"光度"是发光强度在指定方向上的密度，但经常会被误解为照度。

照度是一个纯粹的物理测量参数，是光通量与被照面积的比值，与表面的反射系数无关。当1流明的光通量均匀地照射到$1m^2$的面积上，则照度就是1勒克斯。照度与光源和被照表面的距离的平方成反比。标准光源箱的光照强度应大于2000Lx才符合标准。

其四、同色异谱

同色异谱效应是指在某一光源下，试品显现出来的颜色与要求相同，但是在另一光源下，它的颜色差异则不能被接纳。

标准光源箱应该配有两种或以上的光源，以测试同色异谱效应。

具体选购光源箱的时候，需要注意以下几点：

首先是误差范围。所谓标准光源，关键就是要这种光源达到标准的要求，必须符合国际照明学会CIE的标准。当然CIE的要求往往是一个很宽的范围，如照度范围宽达750～3200Lx，对某些光源的色温范围也允许有±500K的误差。而一些大型企业的标准要高过CIE的标准，特别是知名的标准光源箱生产厂家，采用了更加严厉的生产标准，如光源的色温范围控制在±200K以内，以保证灯光在使用一段时间后，仍然在国际标准的范围之内。

其次是光源环境。标准光源箱的内壁环境对标准光源的影响很大，一般应该为深灰色的亚光面。因为亚光面有利于吸光，而不是反射光来干扰标准光源的效果，这样才能确保检测的时候不会受环境反射光的影响。当然，也有要求背景颜色反光率必须低于入射光之三分之一。

其三是灯光的使用寿命。灯光在使用一段时间后，都要老化，为了避免出现系统误差，要求标准光源箱能分开记录每一种光源的实际使用时间，不允许超过2000小时的上限。

其四是减少操作误差和劳动强度。新型的带声音播报功能的声控标准光源箱T-5、T-6，能用中、英文语言发出使用光源的名称，避免了选择光源的错误。同时，操作员的目光不用离开观察物就可以进行盲操作，即降低了工作强度，又确保了观测同色异谱的效果。

其五是快速点亮。标准光源不能像某些家庭或办公室灯光一闪一闪才点亮，快速瞬间点亮是标准光源箱的一项重要指标，而且点亮后不能有任何的闪烁，以免影响光线效果。

（2）测色仪检测

以测色仪等色彩工具测试产品色差数据，产品色差规格均须在设计师所给的允收范围内。

在大规模工业化生产中，目视比对样品来管控色差有其不足之处，首先，目视比对过于依赖于人眼的色彩识别能力，同时也存在许多意外波动的因素；其次，目视对色比较花时间，且不适合长时间观察比对色差。为此，在色差检测中会利用测量仪器来辅助工业生产中的色差管理，这就是测色仪。

测色仪主要用于以下情况的需要：① 需要满足更精确的颜色要求。② 生产线对出货速度有要求。③ 需要数据支持来进行工厂质量水平改进、管控。④ 需要更稳定的色差控制（排除观察条件、人工水平的干扰）。

CMF设计师所接触到的测色仪通常分为台式光谱仪（体积大、最精准、最昂贵）、台式分光光度仪（比较精准、价格中等）、便携式色差仪（最便宜、最便携）。

第一类、台式光谱仪

台式光谱仪是将成分复杂的光分解为光谱线的科学仪器，由棱镜或衍射光栅等构成，利用光谱仪可测量物体表面反射的光线的每一个波长的亮度值，得到一个细致的光谱曲线。所谓的光谱曲线，就是把物体发射或者反射出来的光，按波长一一拆解开，测得每一个波长的亮度值，经过数据换算，得到XY坐标系中的x，y值，于是可以进一步算出Lab值、Lch值、色差值 ΔE 等。这个办法精确、稳定、适用范围广，适用于汽车、色度计量、印刷、颜色混合及匹配、荧光测量、颜色测量等很多领域。但因为要把整个光谱按单波长拆分开，往往需要一个非常复杂、体积笨重的光学结构，测样时间比较长，价格也比较昂贵（见图2-24）。

图2-24　德国布鲁克直读光谱仪
（图片来源：布鲁克企业官方发布）

图2-25　爱色丽color i7600台式分光光度仪
（图片来源：爱色丽企业官方发布）

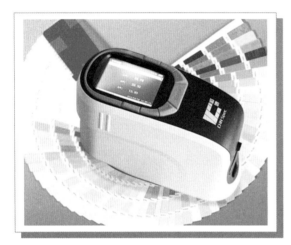

图2-26　爱色丽xriteCI64便携式分光色差仪
（图片来源：爱色丽企业官方发布）

第二类：台式分光光度仪

分光光度仪也是根据分光测量光谱原理设计的，相对于台式光谱仪可以测量所有波段，分光光度仪仅限于测量可见光，但对于CMF设计师已经足够用了，尺寸比台式光谱仪要小很多，甚至可以做到手持尺寸。分光光度仪具有相对高精度性和不断增加的多功能性。由于它可以测得每一波长下的反射率曲线，因此适用于相对复杂的色彩分析，价格相对适中。分光测色仪的研发和生产完全符合国际照明委员会（CIE）规定的标准，能相对准确地测出颜色的绝对值，不仅适合企业内部的品质管控，还可以进行企业内外部的颜色数据交流（见图2-25）。

第三类：便携色差仪

便携色差仪与前两者的原理区别在于，它不是按单波长拆分光谱，而是模拟人眼设计的红、绿、蓝三基色滤光片+三基色传感器的结构，其原始数据只有三个，而光谱仪却有三四百个，所以精度上要弱很多。另外，对于光谱中有窄带能量分布的情况（如荧光灯、LED灯源），会容易有测量误差（见图2-26）。

色差仪尺寸小、重量轻、价格最便宜，属于对色差要求精度不高的入门级别，一般我们讲到的最多的就是这个，可以测量样品的反射色度、吸收率、亮度及各种色值等，满足内部管控色差。

ΔE指的是在均匀颜色感觉空间中，人眼感觉色差的测试单位，这种测试方法用于当用户指定或接受某种颜色时，生产商用以保证色彩一致性的量度。我们通过对ΔE值的大小来判断检测的颜色和标准色之间的色差，ΔE值越小色差越小，不同行业对ΔE值容许波动的范围不同。一般来说ΔE值在0.5～1.0是一般应用中可以接受的范围，而手机行业的标准在0.2以内。而一些特定的可以放宽到2.0～4.0，当ΔE值4.0以上在大部分应用中是不可接受的。

测色仪搭配专业色彩管理软件，则可大大降低废品率，缩短上市时间。CMF设计师运用好测色仪，能通过控制色差值的数据偏差辅助目测比对，准确地指导调色工作。

2.6.2 色卡

色卡是CMF设计师选色、配色、对色的理想工具，同时也是色彩领域不可或缺的交流工具。色卡形成了统一的色彩标准，便于在工作中、生产中使用。通过色卡可以减少沟通成本，控制生产成本。市面上色卡种类繁多，常见的有PANTONE、RAL、NCS、DIC、CNCS、Munsell、建筑色卡、Scotdic棉布色卡、Coloro等。我们主要介绍CMF常用的三个色卡品牌：PANTONE、RAL、NCS，并介绍其常用色卡类型。

（1）PANTONE色卡

PANTONE色卡来自美国，应用最为广泛，根据色卡基材类型可分为纸质色卡、塑料色卡、纺织色卡（见图2-27）。

纸质色卡中有C色卡（1867色）；U色卡（1867色）；金属色卡（301色）；高级金属色卡（300色）；粉彩色&霓虹色色卡（210色）；RGB&CMYK色卡（2868色）。

TPG色卡（2310色）；塑料色卡中有透明色卡（735色）、不透明色卡（大片1755色、小片1005色）。纺织色卡中有TCX色卡（棉布、2310色）、TSX色卡（涤纶、203色）。

（2）RAL色卡

RAL色卡来自德国，在国际上广泛通用，又称RAL国际色卡或欧标色卡，主要有K、E、D三大系列，另有P系列的塑胶色卡。其中K系列：K1、K5、K6、K7、F9、840-HR、841-GL（213色）；D系列：D2、D3、D4、D6、D8、D9（1825色）；E系列：E1、E3、E4（490色）；P系列：P1、P2（300色）。

RAL的K、D、E、P的含义：K= Classic经典系列；D=Design设计体系；E=Effect实效系列；P=Plastic塑料色卡（见图2-28）。

图2-27　PANTONE色卡和色板
（资料来源：CMF设计军团资料）

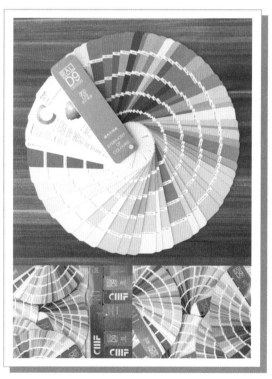

图2-28　RAL色卡图
（资料来源：CMF设计军团资料）

图2-29 来自瑞典的NCS色卡图
（资料来源：CMF设计军团资料）

（3）NCS色卡

NCS色卡来自瑞典，主要色卡有NCS index低光泽（1095色）；NCS index glossy高光泽（1095色）；NCS Album色谱集（1095色）；NCS Atlas色谱集（1095色）；NCS BLOCK分区色卡集（1095色）；NCS box色谱盒（1095色）；明度尺；光泽度尺（见图2-29）。

综合来说，PANTONE从印刷色配方的标准化出发，逐渐扩大范围，目前覆盖了印刷、出版、纺织、家居、塑料等领域；对实际生产有很好的指导意义，最具商业性；RAL从油漆、涂料配色出发，对实际生产也有很强的指导意义；瑞典的NCS色卡为瑞典、挪威、西班牙等欧洲国家广泛使用，可以通过颜色编号判断颜色的黑度、彩度、白度以及色相等基本属性，NCS色卡编号描述的是色彩的视觉属性，与颜料配方及光学参数等无关。表2-02是三大品牌色卡参数特点的对比表格。

表2-02　PANTONE.RAL.NCS.三大品牌色卡参数特点的对比

品牌	色彩总数	单色卡最大色彩数	材质	色彩实现方式
PANTONE	1万多色	2869色	纸质、塑料、涤纶、棉布	油墨印刷
RAL	2528色	1825色	纸质、塑料	涂料涂层
NCS	1950色	1950色	纸质	涂料涂层

（图表来源：黄明富绘）

2.7　CMF色彩设计与色彩情感

色彩影响人的情绪及心理是有科学依据的，也是色彩心理学和美学被认同的重要原因。当颜色反射或吸收阳光中某些射线，会通过人的视觉刺激人体大脑皮层，通过人的体觉刺激人体，将阳光中射线的能量浸入人的体内，产生体感上、心理上和意识上的微妙反应。例如粉红色具有兴奋表皮的血液循环，促进皮脂腺分泌而产生少女（公主）情结。金橙色会使情绪欢愉，增加自信的感觉；绿色有助于深呼吸，增加体内血液循环和器官的获氧率，能够嗅到生命力的味道；蓝色会使人的呼吸变弱、脉搏减慢、血压降低，能帮助消除紧张压力，有打开和舒缓心扉的神奇作用。

利用色彩进行人体疗愈在西方和日本很早就有，可见色彩与人的情感之间的神奇关系确实是有很大的学问。这也是CMF色彩设计未来需要专题研究的重要领域，如今从日本兴起的感性工学，其中就包括了人对色彩感知规律的探讨。虽然在这里我们无法给到大家具体的研究数据，也无法用大量的实验数据来证明色彩与人的情感之间所存在的对应关系，但是从经验主义的角度，将目前大家所认同的通用的对应关系作简单的归纳和梳理还是有可能的，所以下面就对几种常见色彩的情感属性进行归纳和梳理。

图2-30　红色色系的产品案例图片

2.7.1　红色的情感属性

红色的色感温暖，但性格刚烈而外向，是一种对人刺激性很强的颜色。它能使人的肌肉机能紧张和血液循环加快，容易使人兴奋、激动、紧张、冲动，甚至暴力。

红色是自然界中最热烈和刺激的颜色，代表着旺盛、热情、健康和恐惧的含义，具有兴奋、欢快、风骚和紧张的情感属性。在CMF设计中如果我们能够把握好红色的情感魅力，会获得许多用户情感认同（见图2-30）。

2.7.2　黑色的情感属性

黑色是一个很强大的色彩，是自然界中最深的颜色，代表着永恒、静寂、神秘、厚重和罪恶，具有严肃、内敛、稳重、高雅、神秘、力量和悲哀的情感属性。在产品设计中黑色的应用非常普遍（见图2-31）。

2.7.3　黄色的情感属性

一般来说，黄色是黄金和阳光的象征，所以给人一种高贵、富有、温和、光明、快乐的感觉。黄色是一种在所有色相中最能发光的颜色。在产品设计中合理地应用黄色会给人轻快、透明、辉煌、充满希望的色彩印象（见图2-32）。

图2-31 黑色色系的设计案例图片

图2-32 黄色色系设计案例

2.7.4 白色的情感属性

一般来说，白色是白雪和光明的象征，所以给人一种纯洁、简单、神圣、清爽的感觉。白色的明亮干净、畅快朴素、单纯雅致，在产品设计中有一种高级、圣洁和高科技感的意象，但也会有一种单调、枯燥、冷淡、严苛的印象，通常需和其他色彩搭配使用（见图2-33）。

图2-33 白色色系设计案例

2.7.5 蓝色的情感属性

一般来说，蓝色是天空和大海象征，所以给人一种纯净、智慧、清新、安宁、冷静、沉稳的感觉。

人们看到蓝色时会感到开阔、博大、深远、平稳、冷静。实验也证明，蓝色会使人的呼吸变弱、脉搏减慢、血压降低，是CMF设计师不得不认真对待的颜色。

在产品设计中，蓝色的清新淡雅能赋予产品宁静的味道，特别适合工作紧张的白领，让他们喧嚣的心灵找到宁静的港湾。另外，蓝色的智慧感能赋予产品科技和效率的形象，特别适合作为电脑、汽车、影印机、摄影器材的品牌推广色。

蓝色与其他颜色搭配，也会起到意想不到的效果。例如蓝色与黄色搭配会显得格外清新醒目、成熟和典雅；蓝色与黄色彼此相得益彰，和谐中不失灵活；蓝色与橘红色搭配，会使深沉中增加一种明快与活跃；灰蓝为主调的大胆色彩运用，会让人耳目一新，清爽心情油然而生。

此外，淡蓝的朴素清澈感和深蓝的前卫摩登感都能够给产品赋予一层睿智和超凡脱俗的光泽和一种清新明晰、合乎逻辑的设计态度（见图2-34）。

图2-34　蓝色色系设计案例

2.7.6　绿色的情感属性

一般来说，绿色是植被（草原、森林等）的象征，所以给人一种生机、青春、和平、清新、轻松、舒爽的感觉。绿色是一种赏心悦目，不会让人感到厌烦的色彩。因为它的任何一点色差变化，都对应着自然给人类的印象，因此绿色是所有人喜欢的颜色。

绿色是自然界中最为常见的颜色，代表着生命、青春、生机和繁荣的含义，具有和平、友善、放松和平静的情感属性（见图2-35）。

图2-35　绿色色系设计案例

2.7.7　银灰色的情感属性

一般来说，银灰色来源于金属银的颜色，是大工业和太空科技的象征，所以给人一种现代、效率、积极、先进、沉稳和冷漠的感觉。灰色是一种质朴中显厚重的色彩，会让人有一种从喧闹世界回到家庭的平和感。特别是都市中那些追求时尚、有品位的白领大多钟情于此种颜色。

银灰和现代感是密不可分的，这种色调附上精致的工艺，仿佛拥有太空神器的感觉。实验也证明，灰色能使人的肾上腺素分泌减少，从而导致人的情绪低落，所以在工艺处理上要增加光泽对比，或与其它亮色搭配设计会更有品位。

银灰色是科技感最强的颜色，代表着现代、效率、积极、先进、沉稳和冷漠的含义，具有平和、先进和低调的情感属性（见图2-36）。

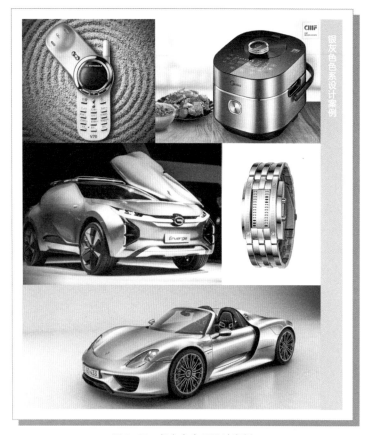

图2-36　银灰色色系设计案例

紫色色系设计案例

图2-37　紫色色系设计案例

2.7.8　紫色的情感属性

一般来说，紫色是自然的丁香、薰衣草、紫罗兰、紫水晶的象征，所以给人一种神秘、浪漫、爱情、高贵、魅力的感觉。具有神圣、尊贵、慈爱和神秘的情感属性。

在中国传统中，紫色代表圣人，帝王之气，如"紫气东来"。在西方，紫色亦代表尊贵，常成为贵族所爱用的颜色。CMF设计师应该好好利用（见图2-37）。

2.7.9　棕色的情感属性

一般来说，棕色是泥土的象征，所以给人一种质朴、随和、可靠、踏实和健康的自然气息。

从色彩的角度，棕色是一种令人难于界定的颜色，看似杏色但又带浅啡的色感，给人一种迷迷糊糊、难以确定色位的混沌感。正是棕色这种在色位上的折中性和模糊性，透露给人的是一种可靠、有益健康、安全和保守的感觉。

在产品的设计中棕色的使用量很多，特别是许多材料的天然颜色就是棕色，例如动物皮革、木材、植物纤维和泥土等。

棕色是一种极其随和的颜色，代表着可靠、健康、低调和保守的含义，具有忠实、博爱、包容和无私的情感属性（见图2-38）。

图2-38　棕色色系设计案例

　　色彩与人的情感关系是色彩设计动人的灵感来源，而CMF色彩设计的色彩情感属性之所以能够感动用户，是由于与色彩相关的诸因素共同协同的结果。所以CMF色彩设计的"色彩情感"在商品中实施不是单纯的颜料（色料）可以办到的，而是包括了承载和影响色彩效果的产品、用户群、材料和工艺（表面质地、肌理和结构）等的融合。产品的色彩离开它们，无正确的情感可言。

CMF Design Course

第三章

CMF材料与工艺概述

CMF材料与工艺是极为专业的知识内容。在工业产品设计领域看，通常材料与工艺聚焦在金属、塑料（橡胶）、木材、玻璃、陶瓷五大方面。而在CMF设计领域，更多的是聚焦在金属、塑料和玻璃三大方面，木头与陶瓷材料和工艺相对没有那么被重视。当然这并不意味着木头与陶瓷就不被CMF所关注，相反，在有些产品中由于木头与陶瓷材料的介入，会给现代工业产品带来新鲜感，给消费者带来新的产品体验，因此对于CMF材料和工艺的类别而言，这完全取决于当下市场的产品走向和消费者的审美趋势。

图3-01　铝合金效果工艺的空调设计
（图片来源：海尔、格力企业公开发布）

材料是产品构成的物质基础，也是色彩、工艺、图案纹理设计的唯一载体。设计师能否使材料和工艺给消费者带来新的情感上的惊喜，使材料和工艺成为产品的创新点和卖点，完全取决于CMF设计师对材料和工艺的认知程度。

CMF设计师对材料和工艺的良好认知会使产品从里到外的综合品质大大提高，也是企业赢得市场的重要法宝。例如，在以塑料为主的家用空调行业，CMF设计师巧妙地应用铝合金面板工艺，为空调开辟了新的卖点，赢得了许多高端用户的青睐（见图3-01）。

再例如，CMF设计师大胆在手机行业中使用工业陶瓷材料及相关创新工艺，为手机行业开辟新的市场卖点（见图3-02）。

图3-02　CMF小米设计师大胆在手机中使用陶瓷材料及相关创新工艺（图片来源：小米企业公开发布）

还有，CMF设计师应用碳纤维材料及相关成型工艺，把碳纤维材料的高强度轻质量的特点合理导入交通工具行业，给行业带来了全新的面貌（见图3-03）。

图3-03　碳纤维材料自行车设计开辟了新的设计面貌（图片来源：奥迪企业公开发布）

　　长期以来由于中国的设计教育受到美术教育的影响，在设计教育中过度偏重设计表现技法（手绘和计算机辅助设计表现）和设计思维游戏，在材料与工艺方面没有给到足够的重视，因此在产品与实际接轨上有一定的差距。可以说多数中国设计专业的毕业生对材料与工艺的认知非常肤浅，对CMF设计中的材料与工艺更是空白。所以这些学生毕业后到了企业有一个重新学习的过程，特别是从事CMF设计的工作。

　　这里我们将目前设计教学的薄弱环节，有关CMF材料与工艺方面知识进行梳理，为从事产品设计专业的设计师和在校设计专业的学生更好地驾驭材料与工艺，发挥CMF材料与工艺在产品设计中的能动作用，提供最基础的知识框架。

3.1　CMF设计与材料概论

　　目前有很多专业书籍会涉及材料和工艺方面的内容，有一类就是从设计的角度谈材料和工艺，但是这类书籍多数是偏家居（家具）类、陶瓷、生活用品等产品方面，在材料与工艺方面的关注点与目前CMF设计行业（汽车、家电、手机）有较大的差别。

　　还有一类是从工科的角度谈材料和工艺。这类书籍多数过于专业，涉及材料的成分、结构、化学和物理性能等方面，很明显关注点偏离了CMF设计的主线。

　　我们说，CMF设计所关注的是材料和工艺可实现的视觉效果和体觉效果，材料和工艺与产品的匹配度，材料和工艺与消费者的情感认同度（审美度）。所以，这里我们会从材料与工艺在CMF设计应用的角度，讲解常用材料以及相关工艺，为大家奠定从事CMF设计不可或缺的基础。

3.1.1　CMF材料的基础特征

　　CMF材料的基础特征是指材料在使用与加工中呈现出的基本性能，也是CMF设计创新、产品落地和材料选择的重要依据。对材料特征的认知越深，材料的使用就越能得心应手。一般来说CMF材料的基础特征分为物理特征、化学特征和延展特征。在具体的CMF设计中合理利用好材料的不同特征，是CMF设计的重要方法。

（1）物理特征

材料的物理特征是指材料的色彩、密度、熔点、热导率、热膨胀系数、绝缘性、磁性和可燃性等。材料的物理特征是控制各种物理现象和产品品质创新的重要依据。例如密度大，光泽好，耐磨性强等。合理应用好材料的物理特征也是产品品质创新的重要依据。例如汽车变色模就是合理利用材料的物理特征的典型设计（见图3-04）。

图3-04　汽车变色模

（2）化学特征

材料的化学特征是指材料在不同温度、作用力、光照、电流、磁场和生物作用等条件下对各种介质的化学特征及自身可能的化学变化特征。材料的化学特征是控制各种化学现象的重要依据。例如热敏变色、光照固化、压缩生热等。合理利用材料的化学特征，也是产品品质创新的重要依据。例如荧光棒就是合理利用材料化学特征的案例（见图3-05）。

图3-05　荧光棒合理利用了材料化学特征

（3）延展特征

材料的延展特征是指材料的工艺特征、感性特征、环境特征和经济特征。

① 材料的工艺特征。材料的工艺特征是指材料在成型过程的可能性变数，任何一种材料都有合适自己的工艺，但对任何一种材料合适自己的工艺会有很多种，在工艺的变化下材料所呈现的效果也是多样的。这就是材料的工艺特征，所以合理地运用工艺特征，能够充分发挥材料的潜质，提高材料的应用范围（见图3-06）。

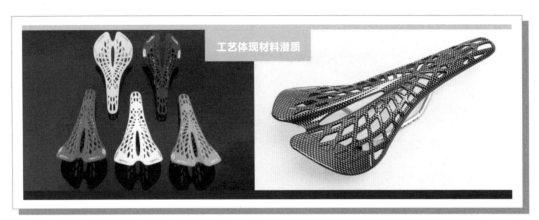

图3-06　左图采用注塑工艺；对应低端客户；右图采用碳素纤维工艺，对应高端客户

② 材料的感性特征。材料的感性特征是指人的感觉系统对材料所产生的综合印象。这种综合印象是指人的视觉、触觉、味觉、嗅觉和听觉受到材料信息刺激所引起的生理反应。这种材料综合印象对CMF设计尤为重要，特别是触觉感知和视觉感知是影响用户情感认同的重要触点。例如对于汽车的方向盘材料的感性特征用户就十分在意，用户除了对视觉有自己的要求外，对方向盘材料的气味和触感也非常敏感，这些都是用户情感认同的重要因素，因此CMF设计师在汽车方向盘的设计上非常用心（见图3-07）。

图3-07　汽车的方向盘的材料细节设计

③ 材料的环境特征。材料的环境特征是指CMF材料适合的应用环境条件。不同的材料对环境的因素有一定的要求，合理地运用材料的环境特征，可以避免材料因环境因素和周围介质产生的侵蚀和破坏，保持产品在使用过程中的品质。例如在日常生活中有

很多环境与水有关，但水对电子产品来讲很容易破坏它们的元器件而使产品失灵，因此，为了适合在有水的环境中使用，防水材料是当下许多电子类产品提高产品卖点的选择（见图3-08）。

图3-08　左图是防水蓝牙音箱设计；右图是苹果防水iPod MP3播放器（图片来源：花瓣官网）

④ 经济特征。经济特征是指材料在实际应用中的经济指标（材料的价格、加工成本和回收成本等）。对于CMF设计而言，材料的经济性是重要的评价指标，当然不是一味的材料成本低就好，合理是基本原则。因为不同的消费人群有不同的标准，所以，如何根据产品消费人群选择合理经济指标是保持产品竞争力的关键。

3.1.2　CMF材料的分类

有关材料的分类不同行业和不同学科有不同的分类习惯，分类方法非常多。

（1）按照材料的特点进行分类

① 按材质分有机高分子材料、无机非金属材料（陶瓷、玻璃）、金属材料等；② 按功能分有电、磁、热、力、光、声、化学、生化、医用等，这类材料也被称为功能材料、特种材料等；③ 按应用分有建筑材料、家居材料、电子材料、家电材料、汽车材料等；④ 形态与结构分薄膜、超细微、纤维、多孔、无气孔、复合、多层、非晶、纳米等。

（2）从材料概念出发

材料可分为有机高分子材料、无机非金属材料和金属材料三大类料。
① 高分子材料。是指以高分子化合物为基础并添加一定助剂构成的材料，例如化学

纤维、塑料、橡胶、高分子胶黏材料、高分子涂料、功能高分子材料、高分子复合材料、高分子分离膜、高分子磁性材料（见图3-09）。

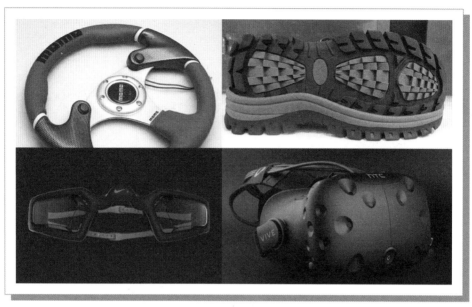

图3-09　应用高分子材料设计的产品案例（图片来源：花瓣官网）

　　② 无机非金属材料。是指某些物质元素的氧化物、碳化物、氮化物、卤素化合物、硼化物，以及硅酸盐、铝酸盐、磷酸盐、硼酸盐等物质组成的材料。例如：玻璃、石墨、陶瓷、水泥、大理石、气凝胶、磁性、光学材料等。无机非金属材料的常规材料如：增强材料（碳纤、玻纤等材料）、金属基（合金材料等）、非金属基（陶瓷、橡塑、石墨等）（见图3-10）。

图3-10　应用工业陶瓷材料设计的手表

　　③ 金属材料。金属材料分为黑色金属、有色金属和特种金属材料等，例如：金银铜、铁铬锰、钢、合金、液态金属等（见图3-11）。

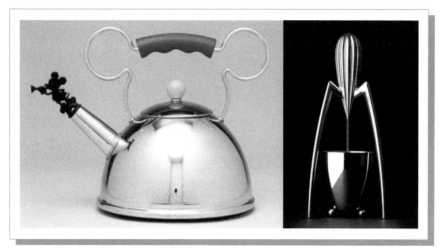

图3-11　著名法国设计师菲利普·斯达克应用金属材料设计的产品

（3）CMF设计行业（汽车、手机、家电）中材料的特有分类

有关材料的分类有自己的特点，主要是分为成型材料与装饰材料两大类别。

① 成型材料。成型材料是指产品构成的基本原材料，成型材料是产品的基本骨架，也就是产品的主体基础材料，例如产品的壳体和结构材料，常见的材料有塑料、橡胶、金属、陶瓷和玻璃等。当然在CMF设计的实际产品中许多的案例是可以直接用成型材料制成，也可以用成型材料与装饰材料结合而成（见图3-12）。

图3-12　手机防护套采用双色注塑一次成型，成型材料就是装饰材料（图片来源：花瓣官网）

② 装饰材料。装饰材料是指产品装饰用的表面材料，也就是依附在基础材料表层的外观材料。装饰材料是基础结构材料的衣服，目的是增加产品外观品质，满足消费者更高的情感需求。装饰材料一般分为膜材（如家电膜、汽车膜、手机膜、家装膜、笔记本电脑膜等）、化工涂层材（如涂料、粉末、油墨、油漆、珠光、颜料、染料、金属粉和电镀等）和纺织面料（如棉麻、羊毛、石棉、再生纤维、合成纤维、无机纤维、玻璃纤维、金属纤维等面料）（见图3-13）。

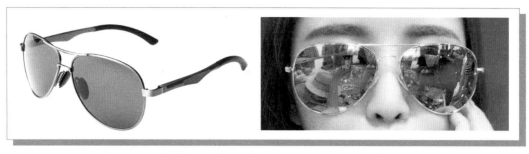

图3-13　眼镜镜片和眼镜金属镜架均在基本材料上附加了装饰材料

3.2　CMF设计与工艺概论

CMF第三个字母F是英文Finishing的缩写。英文Finishing在CMF中并非是"完成"的意识，而是成型与表面处理"工艺"的意思。

工艺对CMF设计师十分重要，工艺是材料走向产品化的魔术师，相同的材料，在不同的工艺作用下会产生各式各样的产品形态和效果，设计师只有掌握了工艺的基本制程、原理和特质，才真正具备了将设计创意通过材料变为现实产品的能力。选择合适的工艺能够化腐朽为神奇，使普通的材料散发出诱人魅力，给消费者带来不同的产品体验，赋予企业和产品意想不到的竞争优势。

3.2.1　CMF工艺分类

CMF工艺可分为三个大类：

一类赋予产品身体的工艺称之为成型工艺；

一类赋予产品面孔的工艺称之为表面处理工艺；

还有一类是赋予产品生命的工艺称之为加工制程工艺。

这三个类型的工艺整合才能够让产品的设计创意落地，成为我们生活中的现实产品。

（1）成型工艺

成型工艺指产品从原材料成为产品，即将粒状、粉状、条状、块状等基本型的基础原材料，通过增材、减材、等材的方式，塑形为需要的产品部件。如将塑料粒子、金属粉末、基础板材、基础型材通过注塑、压铸、切割、雕刻等工艺进行生产加工，使其成为产品的结构件、零部件、面板等工件（见图3-16）。

（2）表面处理工艺

表面处理工艺指的是在成型工艺基础上，对产品部件进行进一步的加工，即通过喷、印、刻、氧、物、化、镀、膜等表面处理工艺，对产品部件进行再加工，使其性能或装饰效果得到进一步的提升。如通过阳极氧化、喷涂、印刷、拉丝等工艺，对金属面板实施增加颜色、图案纹理和触感等效果（见图3-14）。

（3）加工制程工艺

加工制程工艺指的是生产加工的流程，即从原材料到最终产品的全流程。加工制程并非一成不变，而是根据不同的成型工艺和表面处理工艺的组合特点定向设计的最佳过程管理的流程，以保证成型工艺和表面处理工艺效果的统一标准。特别是随着技术的不断发展，新型工艺、设备、技术的不断更新，大大缩短了产品的加工流程，在许多实际案例中正确地选择加工制程，可以节省很多成本，甚至可以用成型工艺代替表面处理工艺，让产品效果一次完成。

图3-14　上图美的电压锅金属外壳采用了拉丝工艺，增加外观上的品质感；下图宝马概念汽车跑车金属车身采用了金属银喷漆工艺，增加车辆的现代感（图片来源：CMF设计军团资料）

3.2.2　成型工艺

成型工艺是人类造物的基础，早期人类将一块石头打击成一件石斧，敲打撞击便是原始石斧的成型工艺，这与现代人用机床对金属块进行切削其实是一回事，相同的基本原理。再例如，古代人用陶范浇铸和失蜡浇铸制作成青铜器，陶范浇铸和失蜡浇铸法便是青铜器的成型工艺。随着人类科学技术的进步和新材料的不断发展，成型工艺也得到了大力的拓展，如今已形成相关的专业和学科，CMF行业也有了专门的工艺师职业。

根据CMF的成型工艺，从材料原理上被归纳为三种类型：加法成型（增材制造）、减法成型（减材制造）、塑性成型（等材制造）。

（1）加法成型

加法成型也叫增材制造，通过材料的增加进行成型。如将塑料粒子通过注塑成型便是加法成型，3D打印更加能诠释出加法成型精髓。加法成型类似于雕塑家通过泥巴，一点一点堆叠、增加、捏制，雕塑出一件作品。典型工艺如：注塑、发泡、压铸、3D打印等（见图3-15）。

（2）减法成型

减法成型也叫减材制造，通过材料的消减进行成型。如将金属块、木头通过雕刻、切削等方式，制作成一个玩具。减法成型类似于雕塑家将一整块石头通过敲击多余的石块，一点一点地去除，从而雕塑出一件作品。典型工艺如：车削、铣削、刨削、激光雕刻等（见图3-16）。

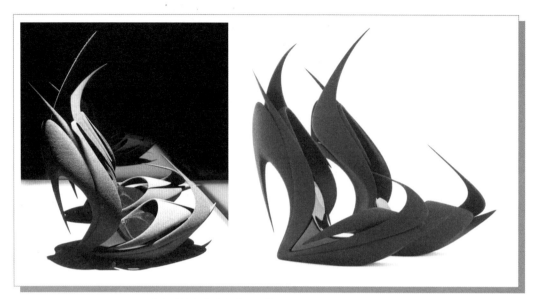

图3-15 著名建筑师扎哈设计的女鞋，采用的是3D打印加法成型方法

图3-16 采用机加工的金属高档门把手属于减法成型工艺

（3）塑性成型

塑性成型也叫等材制造，既不增加也不减少材料，而是改变材料的形状、厚薄等空间属性。如将平面的钢板经过冲压折弯后做成一把椅子。典型工艺如：弯曲、折弯、轧制、压延等。

除此之外，成型工艺还可按照材料进行区分，例如塑料工艺（注塑成型、热塑成型、吹塑成型、旋转成型、挤塑成型等）、金属工艺（金属注射成型、CNC、焊接、铸造）、玻璃工艺（压制、吹制、拉制、压延、浮法等）等。随着技术的发展，还有一些新的混合材料的成型工艺。

3.2.3　设计与成型工艺

CMF设计师设计的产品创意需要落地，设计就必须依据切实可行的成型工艺条件和方法来完成。因此，对于CMF设计师而言，除了要熟悉所选用材料的性能外，还应熟悉相对应各种工艺的特点（优势和局限性），只有全面掌握影响产品成型的因素与规律，才能更好地完成产品设计，有效避免设计理想与现实脱节的尴尬局面。法国著名设计师菲利普·斯达克就非常善于运用材料与工艺的优势，重视能够给平凡的产品注入不平凡的灵性（见图3-17）。

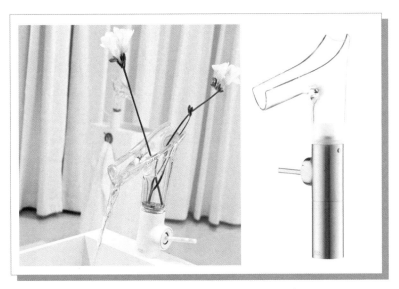

图3-17　著名设计师菲利普·斯达克手下水龙头

CMF设计师只有充分了解了成型工艺，在遇到产品加工出现现有技术无法实现的问题时，就有可能提出新工艺的设想，或考虑使用其他新技术，或开发新的技术，或重新选择材料，或改变设计方案，这一切都是在全面了解成型工艺的基础上，才能始终将主动权掌握在自己的手上。

不同的成型方法具有不同的特点，涉及不同的生产设备、技术水平、加工成本，限制是客观存在的，如何正确认识工艺的限制性是成熟CMF设计师的标志。

其实工艺限制就是工艺特点，对设计而言是瓶颈，也是优势，用得不好就是瓶颈，用得好就是竞争优势。例如铸件工艺的脱模要有斜度，如果产品造型的设计就是有斜度的那就非常适宜，铸件工艺的优点就能够彰显，成本亦能降低，否则就是悲剧。因此产品的造型设计必须满足生产工艺的要求，必须与生产设备、技术水平和成型方式相适应。

CMF设计师对新工艺要始终保持敏感度，坚持不断学习、大胆尝试和勇于创新是设计师的本分，这里的新工艺不光是指全新技术的新工艺，同时还包括灵活运用多种加工工艺（组合工艺），因为无论是全新技术的新工艺还是灵活运用多种加工工艺（组合工艺）都为设计开拓了更广阔的空间，为设计师不走寻常路提供了有力技术支持。大胆尝试新工艺可以提高产品的综合质量、产品的个性效果，在给消费者带来产品新颖体验的同时提升企业的竞争力。

CMF

CMF Design Course

第四章

CMF塑料与成型工艺

塑料（Plastic），在生活中随处可见，是应用最为广泛的材料之一。目前塑料材料广泛应用于我们生活的各个领域，如家用电器、消费电子、通讯电子、汽车工业、航天工业、建筑器材、电线电缆和日用产品等。未来塑料材料将主要朝功能性能更为多样性，特别是高强性能的方向发展。

虽然塑料材料自面世以来得到了广泛的使用，但同时也产生了严重的环境问题。塑料垃圾难以自然分解，造成固体废物的增加，例如废弃的塑料包装制品流入海洋，导致海洋生物误食，发生窒息和中毒，影响海洋生态；焚化塑料垃圾会造成空气污染；部分塑料如聚氯乙烯（PVC）和聚碳酸酯（Polycarbonates）在某种条件下，或会释放有害物质，或内分泌干扰素，危害生物的生育机能，所以合理使用塑料成为当前环境保护中重要的工作，也是CMF设计师的重要职责。

4.1　塑料材料概述

塑料是以高分子树脂（天然或合成）为主要成分（由碳、氧、氢以及其它有机或无机元素所构成）的材料。塑料在特定的温度和压力下具有可塑性和流动性，可被模塑成型，并在一定的环境条件下保持形状的稳定性。塑料对电、热、声具有良好的绝缘性，以及电绝缘性、耐电弧性、保温性、隔音性、吸音性、吸振性和消声性等卓越特征。

塑料的主要特点是重量轻，是目前轻量化材料的主力军，相对密度一般分布在0.90～2.2之间，特别是微孔发泡塑料，相比于其他材料，质地更轻。由于塑胶成型工艺较多，适合制作成各种复杂造型，所以在我们日常的生活中塑料产品具有造型多样且成本相对低廉的特点。

塑料可以通过添加不同的助剂、添加剂及增强材料可以改善塑料的物理和化学性能以适应产品的不同性能需求，让塑料性能百变，扩大塑料的应用面。如塑料本身具备优良的电绝缘性，但根据需要我们也可以通过与导电物质混合制造出具备导电性能的塑料。

4.1.1　常规塑料

塑料按照成型工艺的性能来分类，可分为热固性塑料和热塑性塑料。

热固性塑料是指受热固化的塑料，这种塑料受热定型后不能再加热融化，所以一般不具备二次加工的可能，除少数可溶解回收的以外，热固性塑料具有不可逆向循环利用的特征，常见的有胶木、电木和塑料瓷等（见图4-01）。

热塑性塑料是指受热融化并且可以反复加热成型的塑料。在CMF设计领域用量较多的是热塑性塑料，常见的有通用塑料、工程塑料。热塑性塑料具有可多次回收利用的特征。通用的热塑性塑料用量很大，常见的品种有：ABS、PP、PE、PVC、PS。工程塑料一般指普通工程塑料和特种工程塑料。工程塑料主要应用于工业领域，力学性能比较优越，强度和耐受性能比较好，部分工程塑料可替代金属。特种工程塑料主要应用于军工、船舶等尖端科技领域，满足一些特殊的性能需求（见图4-02）。

在多数消费者的认知中，塑料是一种廉价的材料。不过，随着现代科学技术的发展，塑料材料已经有了很大的改观，材料的品质感也越来越高档。例如免喷涂塑料就是典型

图4-01　热固性塑料产品图片

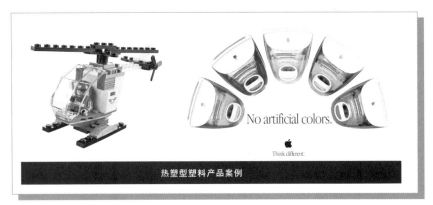

图4-02　热塑性塑料产品图片（图片来源：乐高、苹果企业官方发布）

代表。免喷涂塑料又称为美学塑料，这种塑料通过一次注塑无需表面喷涂就可以实现塑料表面的特殊色彩效果，不光是美观，同时也具有较好的耐磨性能。免喷涂材料其实就是一种在塑胶原材的基础上添加各种自带色彩效果的色粉工艺，常见的有珠光粉、金属粉等，以实现"塑料天生带颜色"的效果，免除原先塑料需要表面喷涂赋色所造成的环境污染。目前免喷涂塑料的色彩效果有珠光效果、金属效果、丝绸般质感效果等（见图4-03）。

图4-03　免喷涂塑料产品图片（图片来源：CMF设计军团资料）

有人把塑料称之为塑胶，是因为
有一种材料在感觉和工艺上与塑料比
较类似，这就是弹性体材料。大家熟
悉的橡胶就是弹性体的一种。作为弹
性材料，除了橡胶材料，还有TPU、
TPE。这些材料不属于橡胶，但都是
弹性体。它们具有同样的特征，就是
在外力作用下会产生变形，除去外力
后便能恢复原来的形状，我们把这一
类具有弹性的材料称之为弹性体。弹
性体的种类繁多，应用也极为广泛，
我们平时常见的轮胎、手环、表带、
鞋材、电缆保护层等，大多采用弹性
体材质制作。弹性体材料如同塑料按
照是否可塑化分为热固性弹性体材料
和热塑性弹性体材料。

图4-04　Chronofighter GT Asia腕表的表带采用
的是带有"Clous de Paris"装饰纹红色复合
橡胶质表带（图片来源：企业官方发布）

热固性弹性体材料就是我们常说
的传统橡胶类材料。就橡胶材料而言
可分为天然橡胶和合成橡胶。大家熟悉的有汽车轮胎、儿童奶嘴、炒菜用的硅胶锅铲、
杯壶用的把手与防烫圈、手机保护套、智能穿戴的腕带、手表表带等（见图4-04）。

4.1.2　弹性体（类塑料）

另一类则是热塑性弹性体，兼具热塑性塑料和橡胶的特点，应用极为广泛，如汽车
方向盘、防尘罩、车轮、数据线、餐具、玩具、鞋底等，摩拜单车的实心轮胎就是TPE
材料。

弹性体材料的成型工艺多数与塑料成型工艺类似，主要有模压成型（硅橡胶制品成
型）、转注成型、注射成型（结合模压与转注成型）、挤出成型、压延成型、旋转成型等。
也有一些特有的工艺，如中空成型和熔融浇铸成型等。弹性材料应用范围日渐增加，如
大家熟悉的塑胶操场、网球球拍线、弹力球等（见图4-05）。

下面是CMF设计中主要涉及的几种弹性材料。

（1）橡胶（Rubber）材料

橡胶（Rubber）材料是弹性体的一种，具有可逆形变的高弹性聚合物材料，在室温
下富有弹性，在很小的外力作用下能产生较大形变，除去外力后能恢复原状。橡胶材料
分为天然橡胶与合成橡胶两种。天然橡胶是从橡胶树、橡胶草等植物中提取胶质后加工
制成。合成橡胶则由各种单体经聚合反应而得。

橡胶材料做成的制品广泛应用于我们生活的方方面面。大家熟悉的防水用品、防滑
用品、人体防护用品和具有弹性功能的用品等，例如手机保护套。

图4-05 弹性材料的应用（图片来源：CMF设计军团资料）

（2）热塑性聚氨酯弹性体材料（TPU）

热塑性聚氨酯弹性体材料TPU（Thermoplastic Urethane）是一种具有卓越的高张力、高拉力、强韧和耐老化的特性的环保材料。目前，TPU已广泛应用于医疗卫生、电子电器、工业及体育等方面，其具有其它塑料材料所无法比拟的强度高、韧性好、耐磨、耐寒、耐油、耐水、耐老化、耐气候等特性，同时它具有高防水性、防风、防寒、抗菌、防霉、保暖、抗紫外线以及能量释放等许多优异的功能。

热塑性聚氨酯弹性体TPU按分子结构可分为聚酯型和聚醚型两种，按加工方式可分为注塑级、挤出级、吹塑级等（见图4-06）。

图4-06 热塑性聚氨酯弹性体TPU产品图片，左图医疗点滴用品；右图密封圈

（3）四苯乙烯（TPE）材料

四苯乙烯TPE（Thermoplastic Elastomer）材料是一种具有高弹性、高强度、高回弹

性的热塑性弹性体材料。四苯乙烯材料具有环保、无毒安全，应用范围广，有优良的着色性、耐候性、抗疲劳性和耐温性，加工性能优越，无须硫化，易于回收利用，成本低，应用领域广等特点，目前广泛应用于普通透明玩具、运动器材、电子设备配件（数据线，耳机线、音频线）等。该材料不需要特殊的加工设备，只需采用一般的热塑性塑料成型工艺加工。

不过四苯乙烯（TPE）材料的耐热性不如橡胶稳定，随着温度上升，物性下降幅度较大，因此适用范围受到一定的限制。同时，压缩变形、弹性回复、耐久性等方面同橡胶相比较也有一定差距，价格上也往往高于同类橡胶。尽管如此，四苯乙烯（TPE）材料的优点仍十分突出，各种用四苯乙烯（TPE）材料的新型产品也不断被开发出来。作为一种节能环保的橡胶新型原料，发展前景十分看好（见图4-07）。

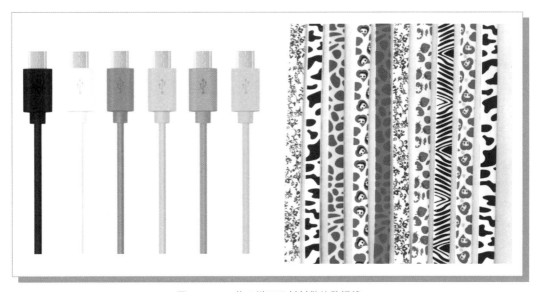

图4-07　四苯乙烯TPE材料做的数据线

由于塑料材料的多样性，与之相对应的成型工艺也比较多，常规的成型工艺包括注塑成型工艺、挤出成型工艺、旋转成型工艺、吹塑成型工艺、模压成型工艺。除此之外，还有压延成型、发泡成型、挤压成型、缠绕成型、层压成型、涂覆成型、浇注成型、滴塑成型、压缩模塑成型、树脂传递模塑成型、手糊成型（手工裱糊成型、接触成型）、激光快速成型、熔融沉积成型、CNC加工成型和3D打印成型等。

4.2　塑料成型工艺

4.2.1　注塑成型

注塑成型是一种将塑料流态化注射入模具后冷却成型的方法。由于塑胶材料的大量应用，注塑成型成为产品成型应用最为广泛的工艺之一。其原理是将粒状或粉状原料加

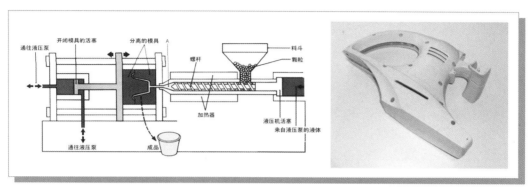

入到注塑机（注射机）的料斗里，原料经加热熔化呈流动状态，在注射机的螺杆或活塞推动下，经喷嘴和模具的浇注系统进入模具型腔，在模具型腔内冷却硬化定型（见图4-08）。

图4-08　左图：注塑机原理图；右图：注塑零件图

注塑成型的关键要素：原材料、注塑机、模具（见图4-09）。

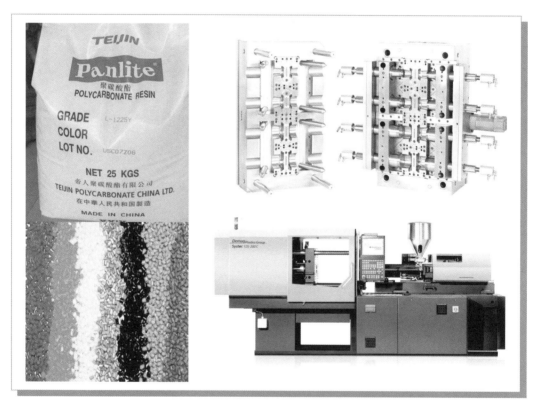

图4-09　左图：塑料原料（粒子）；右上图：注塑模具，右下图：注塑机

注塑成型广泛应用于生活用品类、电器设备类，以及汽车部件、手机、玩具类等。特别是这些年汽车工业迅猛发展，汽车注塑件的应用更是日新月异，汽车对注塑件及塑料模具的需求量也越来越大。在一款新车中，需要汽车注塑的模具约500副。可以说注塑件在汽车模具占的比重最大，重要性不言而喻（见图4-10）。

图4-10　塑料注塑件在汽车中的应用

为了满足产品的不同需要，注塑成型工艺可细分为单色注塑（最为通用的注塑工艺）、双色注塑、双料注塑。

（1）注塑工艺的优点

① 注塑成型方法的优点是生产速度快、效率高，操作可实现自动化；

② 成型形状相对比较复杂、成型尺寸精确、金属或非金属附加件的嵌入比较灵活；

③ 产品质量稳定；

④ 适用范围广，适用于大量生产、形状复杂产品等的成型加工领域；

⑤ 可实现效果多样，如肌理效果、多彩效果、闪粉效果等。

（2）注塑工艺缺点

① 注塑设备价格较高；

② 注塑模具结构复杂；

③ 生产成本高、生产周期长、不适合于单件小批量的塑件生产；

④ 金属效果注塑限制条件多；

⑤ 大尺寸工件容易出现流痕、形变、力学性能不佳等问题。

（3）双色注塑

双色注塑是较常应用的一种注塑成型工艺，主要以双色成型机两只料管配合模具，按先后次序经两次成型制成双色产品。就注塑机而言，双色注塑可使用双色注塑机注塑，也可以使用普通注塑机注塑。

双色注塑机进行双色注塑需二个前模一个后模，产品一次完成，中途不需要卸下模具，产品外观精细美观，但是双色注塑机注塑成本较高，而且第二次注塑的材料厚度一般只有0.5 ～ 2mm，所以比较适合较小的产品（见图4-11）。

图4-11　左图：双色注塑按键图；右图：双色注塑名牌（图片来源：CMF设计军团资料）

普通注塑机双色注塑需要二个前模二个后模，第一次注塑完后要将半成品取下再放入第二副模中进行第二次注塑，产品外观效果没有双色注塑机好，并且对注塑技术的要求高，不过普通注塑机双色注塑一般第二次的注塑材料可到3mm，所以适合做较大的产品。

双色注塑广泛应用到电子产品、电动工具、医疗产品、家电、玩具等。

双色注塑工艺的优点：产品色彩更加丰富、自然；对比拆件、拼装更省成本。

双色注塑工艺的缺点：模具费用更高；技术要求更高。

（4）二次注塑

二次注塑不同于双色注塑，行业俗称"套啤"或"包胶"工艺。二次注塑是指将已经注塑过一次的塑胶产品根据需要再次进行注塑成型，注塑次数可按设计的需要确定。一般来说，第一次注入的材料称为基材，后面注入的称为覆盖材料。在整个工艺中，覆盖材料可以组合在基材的上下左右甚至内部，一般通过多次注塑或嵌入注塑完成。

这种技术已经发展了十几年，主要是以创造"柔感表面"而被广泛使用，特别是在医疗行业。二次注塑不仅可以增加产品的外观性能，还可以拓展产品的功能品质，如防震、防水等。目前二次注塑广泛应用于医疗、家电、消费电子、玩具等领域（见图4-12）。

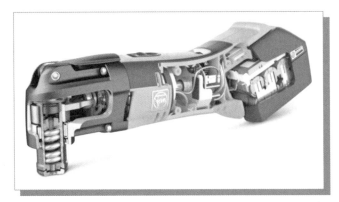

图4-12　手柄上的黑色橡胶部分就是采用了二次注塑的工艺，在原先的
基础件上附加包裹而成，起到增加手感和防摔性

二次注塑的优点：可以让产品表面充满柔感；可以附加产品所需要的功能性，如抗腐蚀、防水、抗冲击等。

二次注塑的缺点：产品的一致性难度大；易造成产品注塑的分层现象，导致强度降低；操作技术要求高，质量难以控制。

（5）嵌件注塑

嵌件注塑是指在模具内装入预先准备的其它材质（如金属）嵌件后进行注塑，塑料与嵌件在模具中接合固化，制成一体化产品的成型工法。

例如魔磁玩家磁力片积木就在注塑过程中嵌入了磁铁块（见图4-13）。

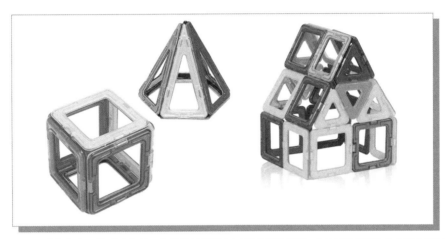

图4-13　磁力积木玩具采用的是双色嵌件注塑嵌入工艺（图片来源：MAGPLAYER企业官方发布）

嵌件注塑基本流程：

嵌件入模→真空固定→注塑成型。

嵌件注塑广泛应用于家电、消费电子、玩具等领域。

嵌件注塑的优点：将可塑性与刚性按设计需求完美结合；嵌件与主件的复合可靠性高；具有自动化量产性（见图4-14）。

图4-14　餐具的塑料手柄采用的是嵌件注塑工艺，在原先的金属餐具上附加包裹而成，起到增加手感的作用

（6）纳米注塑成型（NMT）

纳米注塑成型NMT（Nano Molding Technology）指的是金属与塑胶以纳米技术结合的工艺，先将金属表面经过纳米化处理后，塑胶直接射出成型在金属表面，让金属与塑胶一体化成型。

纳米注塑工艺主要适用金属之间的结合（铝、镁、铜、不锈钢、钛、铁、镀锌板、黄铜等）。典型应用案例为智能手机。手机自从采用铝合金材料作为手机中框、中框与后盖，纳米注塑可以将它们一体化。

纳米注塑在手机领域备受关注。由于金属材料会屏蔽通讯信号，手机要保持信号的通畅，纳米注塑就可以在铝合金材料上的天线槽中填入塑胶材料，从而实现信号的畅通。同时，纳米注塑还应用于笔记本电脑外壳、汽车中控面板、消费电子类产品等。例如iPhone6手机并不是一整块金属，它的天线部分用的是塑料。但是，这两种不同的材料看起来却严丝合缝，摸上去就像一个整体一样。这里使用就是纳米注塑成型工艺（见图4-15）。

图4-15　纳米注塑工艺应用案例（图片来源：苹果官方发布）

纳米成型技术根据塑胶的位置分为两类工艺：塑胶为非外观面的一体成型；塑胶为外观面的一体成型。

纳米注塑成型工艺特点：制品具有金属外观质感；制品机构件设计简化，让产品更轻、薄、短、小，且较CNC加工法更具成本效益；降低生产成本并且高结合强度，及大幅降低相关耗材的使用率。

（7）发泡注塑

发泡注塑是指在材料中加入发泡剂，通过物理或化学反应来形成多孔状蜂窝式结构，一般我们常说的泡沫塑料的成型方法就是发泡工艺。

发泡的过程主要包括三个阶段：气泡核形成、气泡增长、气泡稳定，是将气体溶解在液态聚合物中使得溶液饱和，接下来进行成核作用形成泡核，待气泡核稳定后再膨胀形成泡沫体，最后将泡沫体的结构固定下来（见图4-16）。

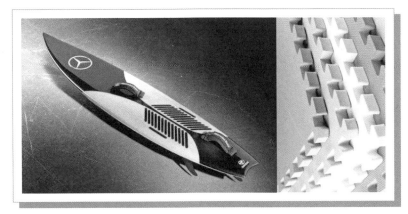

图4-16　发泡注塑工艺应用案例，左图冲浪板；右图发泡地板（图片来源：企业官方发布）

发泡工艺类型：模压成型、可发性珠粒模塑成型、挤出发泡成型、注塑发泡成型。

微细发泡注塑成型工艺是一种精密注塑技术，主要是靠气孔的膨胀来填充制品。大致原理：将超临界流体（氮气或二氧化碳）作为物理发泡剂，在注塑件中进行微细发泡，形成大量气泡核，气泡核逐渐长大生成微小的孔洞，气孔膨胀并填充在制品内，在较低且平均的压力下成型。微泡大小一般在$1 \sim 100\mu m$之间，这种技术可以将制件的生产尺寸精度控制在$0.001 \sim 0.01mm$之间，有时甚至能够达到$0.001mm$以下。与传统的注塑工艺相比，微细发泡注塑成型技术生产的制件具有良好的力学性能以及尺寸稳定性，而且制件的尺寸精度和重复精度高，公差范围小。

4.2.2　热塑成型

热塑成型工艺，又称热成型，指的是将热塑性塑料的片材进行加热软化，然后在压力环境下，采用适当的模具或夹具进行加工成型的方法。常见的热塑成型可分为：真空热塑成型、压力热塑成型、双片材热成型。热塑成型工艺在箱包类产品中应用广泛（见图4-17）。

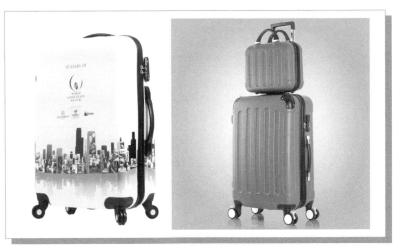

图4-17　真空热塑成型的旅行箱

（1）真空热塑成型

真空热塑成型是指将一片热塑料吹入气室中，然后吸到工具的表面上，在压力过程成型中，热的软化片材被压入模具中。这种工艺可以在较大的气压下模制出复杂的细节，包括表面纹理。对于相对体积小的物件，该工艺能够生产类似于注塑的效果。

（2）压力热塑成型

压力热塑成型是指将受热软化的塑料片压入模具中的成型工艺。这种工艺可以热塑复杂的表面纹理和细节，比真空热塑成型的精确度要高，表面光洁度更好。压力成型可分为正压成型和负压成型，其中的负压成型就是业界俗称的吸塑成型工艺。

（3）双片材热成型

双片材热成型指的是两片塑材同时热成型并黏合在一起的工艺。这种复杂的工艺比常规的热成型工艺更昂贵。较典型的双片材热成型案例就是大家所熟悉的气泡塑料包装布，以及气垫鞋底。

热塑成型最理想的使用对象是表面浅层纹理且壁薄的产品，深度超过直径的设计通常不使用。在热成型过程中，由于材料会先受热膨胀，再冷却收缩，收缩率最高高达2%，所以设计时通常推荐要有2°的吃水角，以保证产品质量的成品率。另外，由于生产过程中材料延伸时温度会很高，高温会造成材料的起伏和不规则的表面。因此，设计时尽量避免尖锐的角和三面角，不然将导致边角太薄而影响受力的均匀性。

4.2.3 吹塑成型

吹塑成型工艺是塑料加工应用非常广泛的工艺之一。吹塑成型工艺通常用于大规模生产的中空包装容器，如大家熟悉的各类塑料瓶。

吹塑成型基本成型程序：

塑料加热→压缩空气进入塑料型胚→贴模成型→冷却→脱模。

吹塑的分类：根据型坯制作方法可分为挤出吹塑、注射吹塑、拉伸吹塑、多层吹塑（见图4-18）。

图4-18 吹塑成型工艺示意图

上图：吹塑成型净水桶和模具；下图：吹塑成型机

（1）挤出吹塑

基本流程：挤出吹塑工艺首先挤出型坯，型坯达到预定长度时，夹住型坯定位后的合模。然后压缩空气进入型坯进行吹胀，使型坯紧贴模具的型腔形成制品，制品在模具内冷却定型。开模脱出制品，对制品进行修边、整饰。实现上述工艺过程有多种方式和类型，并可实现全自动化运行。

主要优点：挤出吹塑设备和运行成本较低，可用于生产各种形状甚至复杂的产品，材料的选择也很广泛，其容器可以做整体处理，并且实现多个分层效果。

挤出吹塑工艺主要应用：医疗、化工、消费品行业容器。

（2）注射吹塑

基本流程：首先注射机将熔融塑料注入注射模内形成管坯，管坯在周壁带有微孔的空心凸模上成型，接着趁热移至吹塑模内，然后合模并从芯棒的管道内导入压缩空气，使型坯吹胀并贴于模具的型腔壁上，最后经保压、冷却定型后放出压缩空气并开模取出塑件。

注射吹塑的主要优点是比挤出吹塑更为精确，可以用于生产产品尺寸要求非常准确的容器。例如精确度更高的包装。

（3）拉伸吹塑

基本流程：先通过挤出法或注射法制成型坯，然后将型坯处理到塑料适宜的拉伸温度，经内部（用拉伸芯棒）或外部（用拉伸夹具）的机械力作用而进行纵向拉伸，同时或稍后经压缩空气吹胀进行横向拉伸，最后获得制品。

拉伸吹塑的主要优点是提高制品的透明性、冲击强度、表面硬度、刚性等。主要应用的范围是大家熟悉的饮料、食品、化妆品等的包装，如水杯等（见图4-19）。

图4-19　拉伸吹塑成型工艺产品案例（图片来源：花瓣官网）

（4）多层吹塑

多层吹塑流程与单层相似，所谓多层吹塑是利用两台以上的挤出机，将同种或异种塑料在不同的挤出机内熔融混炼后，在同一个机头内复合、挤出，然后吹塑制造多层中空容器的技术。

4.2.4　滚塑成型

滚塑又称为旋转成型、旋塑、旋转模塑、旋转铸塑、回转成型。主要是指将塑料（液态或粉料）加入模具中，在模具闭合后，使之沿设定旋转轴旋转，通常是围绕两个垂直轴，同时使模具加热，模内的塑料原料在重力和热能的作用下，逐渐均匀地涂布、熔融黏附于模腔的整个表面上，成型为与模腔相同的形状，再经冷却定型、脱模，制得所需形状的制品。这种工艺与石膏、陶瓷的注浆成型工艺在原理上有相近之处。

由于旋转成型一般用于中空产品，在对材料选择上，需要考虑结构支撑能力，且旋转成型是在低压下生产的，产品机械强度低。在承重上，不同大小和造型的产品需要考虑不同的材料去对产品进行支撑。最好是在模具设计中，设计合适的筋来克服承重问题。

滚塑的应用主要是在交通工具、电子、食品、医疗等行业，具体如：化学品容器、水箱、汽车靠背、汽车扶手、汽车油箱、汽车挡泥板、家具、椅子、交通锥、河海浮标、娱乐艇、浮球、洋娃娃等（见图4-20）。

图4-20　滚塑成型工艺制成的皮划艇

滚塑的优点：① 适用于小批量生产；② 适合制作大型中空部件；③ 模具成本低，经济环保；④ 可生产全封闭产品。

滚塑的缺点：① 生产效率低，一个产品需要三十分钟到一个小时；② 能耗消耗大；③ 不适合大批量生产。

4.2.5　搪塑成型

搪塑成型又称为涂凝成型。搪塑成型是指将塑性溶胶倾倒入预先加热至一定温度的模具（凹模或阴模）中，塑性溶胶接触到被整体加热的模腔内壁而受热胶凝，然后将没有胶凝的塑性溶胶倒出，并将附在模腔内壁上的糊塑料进行热处理（烘熔），再经冷却即可从模具中取出的成型工艺。

搪塑工艺比真空成型工艺和真空复合工艺在表面图纹的效果上更为均匀、清晰、美观，并且表皮具有不开裂、不变形及耐热性优异等特点。

搪塑成型的主要材料：PVC、TPU、TPO。

搪塑工艺主要应用于手感、视觉效果要求高的产品，如高档车仪表板和玩具等，例如汽车的中控台、驾驶方向盘等（见图4-21）。

图4-21　采用搪塑成型工艺制成的汽车中控台和方向盘
（图片来源：丰田企业官方发布）

搪塑成型工艺的优点：

① 可加工形状复杂的制品，尤其适用于大型或具有特殊结构的制品；

② 造型自由度高，不需考虑脱模的角度；

③ 搪塑表面纹理清晰，无应力加工过程，不易产生开裂，没有接缝，厚度均匀性较好，厚度范围为0.5～15mm。同时皮纹状态较好，相比之下，阳模真空成型比较容易损伤皮纹；

④ 原材料利用率高，生产过程中几乎无废料产生；

⑤ 同一生产线可共用同一个粉盒和运转设备，故可同时生产多个不同产品。

搪塑成型工艺的缺点：

① 模具制造周期长，模具寿命短，成本较高，不易修模；

② 因搪塑模具的费用比较高，而且国内搪塑模具的制作能力有限，目前大多需国外开模，因此成本较高；

③ 相对吹塑、注塑等，搪塑成型生产效率低；

④ 搪塑成型对料粉的材料性能要求较高，故原材料采购价格较高；

⑤ 搪塑成型工艺要求模具迅速升温，迅速降温，能耗高，制造成本相对也高；

⑥ 制品的厚度、质（重）量等的准确性较差。

4.2.6　滴塑成型

滴塑又称为微量射出、滴胶。滴塑指的是通过压缩空气把液态的材料（如PVC、SILICONE）注射到模具中，再用高温烤熟后脱模的成型工艺。目前市面上滴胶机也叫滴塑机，但是滴胶机与滴塑机虽然原理一样，但适用的材料有一定的不同。

水晶胶是目前常用于滴塑的一种。水晶胶由A、B胶组合，分弹性水晶胶和硬性水晶胶，它是使印刷品表面（也可以是其它被滴塑物表面）获得水晶般凸起效果的加工工艺，人们的叫法多种多样，比如：滴塑商标、水晶滴塑、滴塑标、滴塑标牌等（见图4-22）。

图4-22 左图滴胶机；右图滴胶标牌产品（图片来源：CMF设计军团资料）

滴塑工艺的应用：商标铭牌、卡片、日用五金产品、旅游纪念证章、精美工艺品及高级本册封面等的装饰上。

PVC滴胶工艺流程：

开模具→调色→滴胶→高温（180～200℃）凝固→取件。

滴塑的优点：可以将不同颜色、不同材料进行结合，形成丰富的外观效果。滴塑的缺点：加工精度较低。

4.2.7 挤塑成型

挤塑成型也叫挤出成型（金属行业、陶瓷行业也有挤出成型），指的是利用转动的螺杆，将被加热熔融的热塑性原料，从具有所需截面形状的机头挤出，然后由定型器定型，再通过冷却器使其冷硬固化，成为所需截面的产品（见图4-23）。

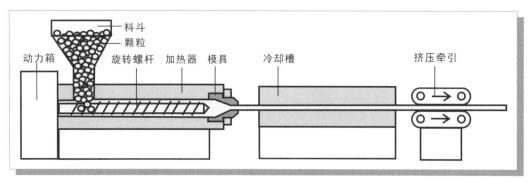

图4-23 挤塑成型原理图（图片来源：李亦文绘）

挤塑工艺主要适合热塑性塑料的成型，也适合部分流动性较好的热固性和增强塑料的成型。

工艺流程：塑化→挤塑成型→冷却定型→牵引→卷曲→切割。

挤塑成型适合制作管状、筒状、棒状、片状等产品，如塑料水管、门板、塑料膜材和型材等（见图4-24）。

图4-24 挤塑成型的塑料型材（图片来源：CMF设计军团资料）

挤塑成型的特点：

① 半成品质地均匀致密，应用面广，成型速度快、工效高、成本低，有利于自动化生产；

② 设备占地面积小，重量轻，结构简单，造价低，能连续操作，生产能力大；

③ 口型模具结构简单、加工容易、拆装方便、使用寿命长、易于保管和维修。

4.2.8 压塑成型

压塑成型也称压制成型，指的是将塑料加热后施压进入预热后的模具中的成型工艺。该方法可以将橡胶和塑料等材料制成需要的形状，但通常用于制造较大的平坦工件或适度弯曲的部件。当然如果经过精心设计后，也可以生产弯曲度高的产品，如头盔等。

压塑成型生产的产品质量主要取决于材料质量。与热塑性塑料相比，热固性塑料材料具有许多有利的性质。热固型塑料可以用玻璃纤维、滑石、棉纤维或木粉进行填充以改变热固性材料的强度、耐久性、抗开裂性、介电性和绝缘性等性能，从而提升热固型塑料的品质（见图4-25）。

图4-25 塑料压塑成型的头盔

从材料的特性来看，压塑成型工艺主要包括：橡胶压塑成型CMR、塑料压塑成型CMP。这两种工艺在生产流程上有一定的区别。

橡胶压塑成型CMR流程：

定量块状橡胶材料→去除橡胶内杂质→放入模具→加热模具→模具闭合→逐加压→材料贴合模具→橡胶固化成型（大约10分钟）→脱模取件→修边打磨加工。

塑料压塑成型CMP流程：

热固性塑料小块或粉末预热测试→加入模具→模具闭合→模温升温固化→冷却脱模→零件推出。

压塑成型工艺的特点：

① 模具相对其他成型工艺更加便宜，尤其是用于橡胶的成型模具；

② 能生产较为复杂的工件，分模线较少；

③ 材料选择范围较大；

④ 塑料压塑生产循环时间非常快，通常生产周期约2分钟，而橡胶压塑成型生产循环时间相对较长，需要10分钟左右时间；

⑤ 由于热固性材料是不可直接再循环材料，存在生产过程中的废料问题。

4.2.9 压延成型

压延成型是热塑性塑料的主要成型方法，它是将已熔融塑化的热塑性塑料通过两个以上平行旋转的辊筒，熔体在辊筒间隙中挤压延展及拉伸成型的方法。它与挤出成型、注塑成型一起称为热塑性塑料的三大成型方法。

压延成型适用材料有热塑性塑料、橡胶等。

压延成型是生产塑料薄膜和片材的主要方法。压延还可以用来整饰表面，使片材表面增加光滑程度（光泽），或者故意使表面具有一定的粗糙程度或增加图纹效果。多用于生产PVC软质薄膜、薄板、片材、人造革、壁纸、地板革等（见图4-26）。

图4-26　左图：塑料压延机；中图：PVC软质薄膜雨伞；右图：PVC软质薄膜旅馆建筑

压延成型优点：

① 由于属于连续成型工艺，所以适合大批量生产，且操作方便，易自动化；

② 产品质量均匀、致密、精确；

③ 成型不用模具，辊筒为成型面，表面可压花纹；

④ 制品为薄层连续型材，断面形状固定，制品尺寸大。

压延成型缺点如下。

① 成型适用性不是很宽；

② 供料必须紧密配合，否则会影响连续生产线的正常运行；

③ 设备大，投资高，辅助设备多，不适合小批量生产。

4.2.10　浸渍成型

浸渍成型也叫浸渍模塑，是热塑性塑料的一种成型方法，把加热到一定温度的模具浸渍在配好的PVC糊料中，使模具表面形成一层PVC糊树脂层，再加热塑化成型。

浸渍成型的主要材料是聚氯乙烯（PVC），浸渍成型也可以使用其它材料，包括尼龙、硅树脂、胶乳和聚氨酯，但这些材料仅用于专门设计的应用（见图4-27）。

浸渍模塑工艺流程：

预热→浸渍→烘烤。

浸渍成型特点如下。

① 热塑成型和浸渍成型的主要区别在于浸渍成型主要用于生产柔性产品，如手套、气球、安全套、波纹管等。对于体积小的产品，浸渍成型更加便宜。

② 由于浸渍成型的材料是液体，直到它凝胶到工具上，它都是可以流动的，可能会形成类似流挂的缺陷。此外，产品底部的壁厚可能比顶部更厚。为了消除这些问题，在浸渍后需要倒置。

③ 可以通过浸渍两次来制造2层材料的产品。其优点包括形成双色材料和形成不同的硬度。除了明显的美学优点，双浸渍可提供功能性上的益处，例如形成更好的电绝缘性。

④ 浸渍成型的模具只有内模，适用采用柔性和半刚性材料生产中空、半中空、包覆的制品。

图4-27　浸渍成型工艺制作的劳保手套（图片来源：登升企业公开发布）

CMF Design Course

第五章

CMF金属与成型工艺

金属材料是我们生活中最为常见的材料之一，因为强度高，经常被应用在产品的支撑结构件上，所以钢铁常常被称为"工业的骨骼"。但在CMF设计中金属的压手感和表面的特殊质感给人一种高档的感觉，所以被大量应用到产品的表面，例如手表、苹果笔记本电脑等。尽管随着科学技术的不断发展，许多有机材料可以模拟出金属的质感和强度，但是金属材料在CMF设计中的地位依然是难以替代的（见图5-01）。

图5-01　金属材料是CMF设计的不可或缺的重要领域（图片来源：花瓣官网）

5.1　金属材料类型

金属一般分黑色金属、有色金属和特种金属材料三大类。

黑色金属就是我们常说的钢铁，包括工业纯铁（含碳量不超过0.0218%）、钢（含碳0.0218% ～ 2.11%）、铸铁（含碳大于2.11%），还有铬锰和合金材料。

有色金属就是非铁铬锰的所有金属及其合金材料，一般又分为轻金属、重金属、贵金属、半金属、稀有金属和稀土金属等。

特种金属材料是指结构或功能性金属材料，包括具备一些特殊功能的金属基复合材料。

由一种金属元素组成的金属我们称为单元金属材料，属于金属材料的单质体。在这类金属中最为常用的是铁、铝、铜、钛、镍、锌、锡、铅、铬、锰也较为常用，锆、钒、钴、钼、钨使用较少。金、银、钯、铂、钽属于贵金属，在贵金属中金和银在产品中使用得也比较广泛（见图5-02）。

由一种金属元素和一种或几种其它元素（金属或者非金属均可）熔合后而组成的具有金属特性的物质称之为合金。组成合金最基本的、能独立存在的物质称为组元，简称元。绝大多数情况下，组元即是构成合金的元素。根据组元的数量，可分为二元合金、三元合金或多元合金。例如黄铜是由铜和锌两种元素组成的二元合金；硬铝是由铝、铜、镁三种元素组成的三元合金。

图5-02　银壶设计

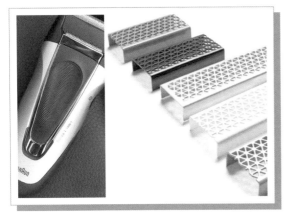

图5-03　左图：铝合金压铸装饰件电动剃须刀；
右图：镂花铝型材

由于合金的优良特性，在实际产品中得到广泛使用。下面是主要的几种合金材料：铝合金（工业纯铝、防锈铝、锻铝、硬铝、超硬铝和特殊铝）、铜合金（铍铜合金、银铜合金、镍铜合金、钨铜合金、磷铜合金）、铁合金（硅铁、锰铁、铬铁、钨铁、钼铁、钛铁、钒铁、磷铁、硼铁、镍铁、铌铁、锆铁、稀土合金）（见图5-03）。

值得一提的是镁合金。镁合金是一种最轻的结构材料，也是可回收的绿色材料，近年来备受CMF设计界的关注。在汽车工业、电子工业、国防工业等领域的应用增长势头强劲。例如镁合金轮毂在重量上具有绝对的优势，与铝合金轮毂相比重量减轻30%左右，所以在汽车和自行车上采用镁合金轮毂能达到轻量化的目的。同时还有高减振特性好、热传导率高、刚性强的优点（见图5-04）。

图5-04　左图：镁合金汽车轮毂；右图：镁合金自行车车架和轮毂

5.2　金属的成型工艺

金属成型工艺主要有：

① 铸造工艺，其又分为砂型铸造和特种铸造，特种铸造包括熔模铸造、压力铸造、金属性铸造、低压铸造、离心铸造、陶瓷型铸造、连续铸造等；

② 塑性成型工艺，一般包括锻造、轧制、挤压、拉拔、冲压等主要工艺手段；

③ 焊接（熔接）工艺，一般分为熔化焊、压力焊、钎焊等工艺手段；

④ 金属粉末冶金（MIM、金属注射成型）工艺；

⑤ 机加工成型工艺，包括车削、铣削、刨铣、钻铣、CNC等工艺手段；

⑥ 半固态成型工艺，可分为流变成型和触变成型工艺手段；

⑦ 3D打印工艺和纳米注塑成型（NMT）等。

在金属成型工艺中历史最为悠久的当属铸造工艺和塑性成型工艺。中国的青铜器和龙泉剑分别是这两种工艺的代表作（见图5-05）。

图5-05　上图：龙泉剑（锻造工艺）；下图：青铜器（石蜡铸造工艺）

而焊接（熔接）工艺、机加工、金属粉末冶金（MIM、金属注射成型）工艺、半固态成型工艺、3D打印工艺和纳米注塑成型（NMT）是随着大工业的发展而产生的新工艺（见图5-06）。

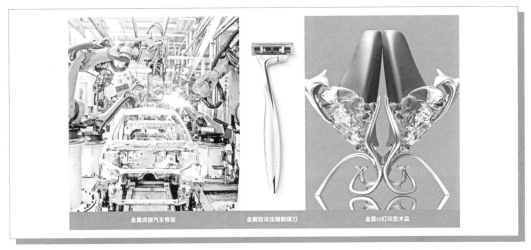

图5-06　左图：焊接的汽车骨架；中图：金属压铸的剃须刀；右图：金属3D打印的工艺品

5.2.1 铸造

铸造是人类掌握比较早的一种金属热加工工艺，铸造是将液体金属浇铸到与工件形状相适应的模子（范）中，待其冷却凝固后，以获得工件的方法。

被铸物质多为原可加热成液态的金属，如铜、铁、铝、锡、铅等。而铸模的材料可以是耐热的砂、金属甚至陶瓷，要根据所铸物质和工件的具体要求而定，例如温度、工件结构和表面要求等。

铸造工艺流程大致是：金属液体化→充型铸模→冷却凝固→取出铸件。

铸造工艺的主要优点为：

① 生产的工件形状自由度大，适合任意复杂的工件，特别是内腔形状复杂的制件；

② 适应性强，材料的合金种类不受限制，铸件的大小不受限制；

③ 金属原材料来源广，材料可重熔使用，设备投资低。

但是铸造工艺也存在着一定的缺陷，例如废品率高、表面质量较低、劳动环境差。所以对于CMF设计来说要能够将铸造工艺的优缺点利用好是关键。

现如今随着科学技术的不断发展，铸造工艺根据不同的需要也有了类型上的发展，目前常见的铸造工艺分类有：砂型铸造、压力铸造、低压铸造、离心铸造、金属型铸造、真空压铸、挤压铸造、消失模铸造、连续铸造、熔模铸造。

（1）砂型铸造

砂型铸造是指采用砂型模具生产铸件的铸造方法。钢、铁和大多数有色合金铸件都可用砂型铸造方法。例如生活中十分流行的日本铸铁壶（见图5-07）。

图5-07　左图：砂型模具；中图：砂型铸造；右图：砂型铸造铁壶

（2）压力铸造

压铸是利用高压将金属液高速压入一精密金属模具型腔内，金属液在压力作用下冷却凝固而形成铸件。压铸件最先应用在汽车工业和仪表工业，后来逐步扩大到各个行业，如电子、计算机、医疗器械、钟表、照相机和日用五金等多个行业（见图5-08）。

图5-08　左图：高压铸造的表壳；右图：高压铸造的相机机身

压铸的优点：

① 压铸时金属液体承受压力高，流速快；

② 产品质量好，尺寸稳定，互换性好；

③ 生产效率高，压铸模使用次数多；

④ 适合大批量生产，经济效益好。

压铸的缺点：

① 铸件容易产生细小的气孔和缩松；

② 压铸件塑性低，不宜在冲击载荷及有震动的情况下工作；

③ 高熔点合金压铸时，铸型寿命低，影响压铸生产的扩大。

（3）低压铸造

低压铸造是指使液体金属在较低压力（0.02～0.06MPa）作用下充填铸型，并在压力下结晶以形成铸件的方法。

低压铸造特点：

① 浇注时的压力和速度可以调节，故可适用于各种不同铸型（如金属型、砂型等），铸造各种合金及各种大小的铸件；

② 采用底注式充型，金属液充型平稳，无飞溅现象，可避免卷入气体及对型壁和型芯的冲刷，提高了铸件的合格率；

③ 铸件在压力下结晶，铸件组织致密、轮廓清晰、表面光洁，力学性能较高，对于大薄壁件的铸造尤为有利；

④ 省去补缩冒口，金属利用率提高到90%～98%；

⑤ 劳动强度低，劳动条件好，设备简易，易实现机械化和自动化（见图5-09）。

图5-09　左图：低压铸造的铁锅；右图：铁锅低压铸造车间

（4）离心铸造

离心铸造是将金属液浇入旋转的铸型中，在离心力作用下填充铸型而凝固成型的一种铸造方法。离心铸造最早用于生产铸管，国内外在冶金、矿山、交通、排灌机械、航空、国防、汽车等行业中均采用离心铸造工艺。

离心铸造优点：

① 几乎不存在浇注系统和冒口系统的金属消耗，提高工艺出品率；

② 生产中空铸件时可不用型芯，故在生产长管形铸件时可大幅度地改善金属充型能力；

③ 铸件致密度高，气孔、夹渣等缺陷少，力学性能高；

④ 便于制造筒、套类复合金属铸件。

离心铸造缺点：

① 用于生产异形铸件时有一定的局限性；

② 铸件内孔直径不准确，内孔表面比较粗糙，质量较差，加工余量大；

③ 铸件易产生比重偏析（见图5-10）。

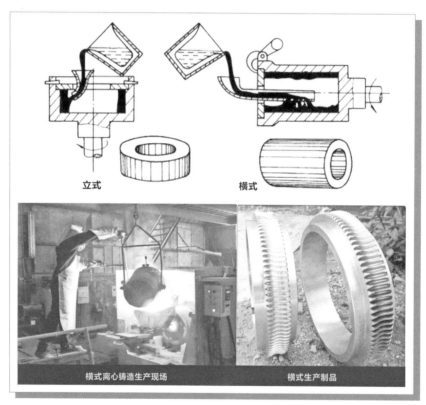

图5-10　上图：离心铸造示意图；下左图：离心铸造车间；下右图：离心铸造工件

（5）真空压铸

真空铸造是指通过在压铸过程中抽除压铸模具型腔内的气体而消除或显著减少压铸件内的气孔和溶解气体，从而提高压铸件力学性能和表面质量的先进压铸工艺（见图5-11）。

图5-11 真空铸造的平底锅

真空铸造的优点：

① 消除或减少压铸件内部的气孔，提高压铸件的力学性能和表面质量，改善镀覆性能；

② 减少型腔的反压力，可使用较低的比压及铸造性能较差的合金，有可能用小机器压铸较大的铸件；

③ 改善了充填条件，可压铸较薄的铸件。

真空铸造的缺点：

① 模具密封结构复杂，制造及安装较困难，因而成本较高；

② 真空压铸法如控制不当，效果不是很显著。

（6）消失模铸造

消失模铸造又称实型铸造。消失模铸造是指将与铸件尺寸形状相似的石蜡或泡沫模型粘结组合成模型簇，刷涂耐火涂料并烘干后，埋在干石英砂中振动造型，在负压下浇注，使模型气化，液体金属占据模型位置，凝固冷却后形成铸件的新型铸造方法。适合生产结构复杂的各种大小较精密铸件，合金种类不限，生产批量不限。

工艺流程：预发泡→发泡成型→浸涂料→烘干→造型→浇注→落砂→清理。

技术特点：

① 铸件精度高，无砂芯，减少了加工时间；

② 无分型面，设计灵活，自由度高；

③ 清洁生产，无污染；

④ 降低投资和生产成本。

（7）熔模铸造

熔模铸造又称失蜡铸造，为精密铸造方法之一，是常用的铸造方法。熔模铸造工艺，用易熔材料（例如蜡料或塑料）制成可熔性模型（简称熔模或模型），在其上涂覆若干层特制的耐火涂料，经过干燥和硬化形成一个整体型壳后，再用蒸汽或热水从型壳中熔掉模型，然后把型壳置于砂箱中，在其四周填充干砂造型，最后将铸型放入焙烧炉中经过高温焙烧（如采用高强度型壳时，可不必造型而将脱模后的型壳直接焙烧），铸型或型壳经焙烧后，于其中浇注熔融金属而得到铸件（见图5-12）。

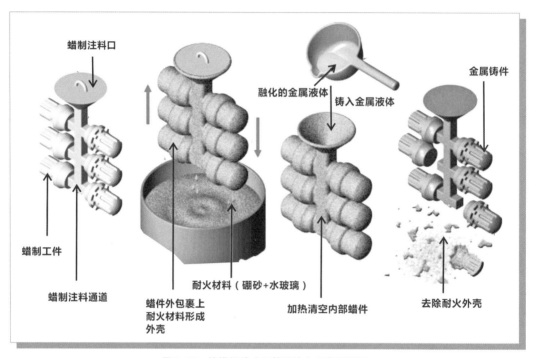

图5-12　熔模铸造（石蜡铸造）工艺原理图

失蜡铸造是非常古老的制造工艺，可追溯至春秋时期，为青铜器制作常用工艺，经现代工艺的发展，演变为熔模铸造。熔模铸造在航空发动机（叶片、叶轮）、汽车、机床、医疗设备等都大量应用。

熔模铸造的优点：

① 尺寸精度高、表面光洁度高，可有效减少机械加工，节约材料；

② 可铸造形状复杂的铸件，特别是高温合金铸件；

③ 适合批量生产，一致性高。

熔模铸造的缺点：

① 工序较多，生产周期长；

② 不宜生产重量要求高的产品；

③ 成本较高。

5.2.2　锻造

锻造也习惯叫锻打，金属常用的加工工艺。具体指在锻造设备上借助工具或模具产生的冲击力或静压力，使坯料产生局部或全部塑性变形，以获得一定几何形状、尺寸、质量及力学性能的锻件（见图5-13）。

图5-13　锻铜壶（图片来源：故宫官网）

（1）锻造的分类

根据温度分为冷锻、热锻。

根据成型是否用模具分为自由锻、模锻和胎模锻。

按加工方法分为手工锻造、机械锻造。

冷锻：对处于室温的金属材料进行压力加工的锻造工艺。

热锻：金属材料被加热到再结晶温度以上、固相线以下的状态时进行压力加工的锻造工艺。

自由锻：指锻造时，金属坯料受到上下抵铁的压力，向四周（水平方向上）产生自由的塑性变形。自由锻的基本工序包括镦粗、拔长、冲孔、切割、弯曲、扭转、错移及锻接等。

模锻：将加热后的金属坯料固定放置在模锻设备上的锻模内锻造成型。金属坯料的塑性变形受模具型腔的限制，是"不自由"的。

胎模锻：指在自由锻设备上使用可移动模具生产模锻件的一种锻造方法，是介于自由锻和模锻之间的一种工艺。

手工锻造：为传统加工方法，如古代锻造打造兵器（见图5-14）。

图5-14　左图：手工锻造的龙泉剑；中图：手工锻造车间；右图：民国手工锻造的铜壶

机械锻造：现代加工方法，通过机械设备进行。

锻造与锻打的关系：锻造包含锻打。

（2）锻造的优点

① 可消除零件或毛坯的内部缺陷；

② 锻件的形状、尺寸稳定性好；

③ 韧性好、力学性能佳、强度高；

④ 生产灵活性大。

（3）锻造的缺点

① 不能直接锻制成形状较复杂的零件；

② 锻件的尺寸精度不够高；

③ 锻造生产所需的重型机器设备和复杂的模具对于厂房基础要求较高，初次投资费用大。

5.2.3 挤出

挤出也叫挤压，在塑料中也叫挤塑，在橡胶中叫压出，在金属中叫挤出。

挤出的基本原理是将塑料、橡胶、金属等材料加热熔融后，通过施加压力将材料连续从指定挤压筒里通过带有形状的模具，被挤出冷却后成型，从而获得符合模孔截面的坯料或零件的加工方法。例如大家熟悉的铝合金型材（见图5-15）。

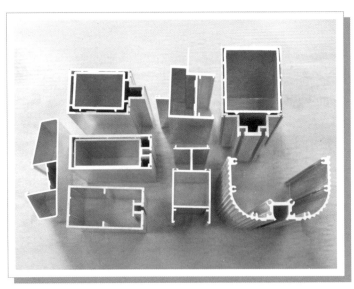

图5-15　挤出成型的铝合金型材

常用的挤压方法有：正挤压、反挤压、复合挤压、径向挤压。

挤出件根据成型后的用途，可分为型材与板材。

挤出板材：指的是产品为具备一定厚度的平面状态板材。

挤出型材：指的是相较于板材，具备一定异形的状态。如圆筒、回形、凹形、凸形、沟槽状等。如管材、家装直角料、塑料异型材、工业铝型材、导轨、连接件等。

挤出件的应用：门窗、金属管状物、结构件、面板等。

挤出的优点：

① 件尺寸精确，表面光洁，常具有薄壁、深孔、异形截面等复杂形状，一般不需切削加工，节约了大量金属材料和加工工时，生产效率高；

② 由于挤压过程的加工硬化作用，零件的强度、硬度、耐疲劳性能都有显著提高，有利于改善金属的塑性；

③ 挤出件生产效率高、一致性高。

挤出的缺点：挤出只能一个方向做连续性的加工，无法做更为复杂要求的工件。

5.2.4　冲压

冲压是金属塑性加工方法之一，又称板料冲压。它是在压力作用下利用模具使金属板料分离或产生塑性变形，以获得所需工件的工艺方法。冲压加工利用不同的模具可以实现拉伸、折弯、冲剪等工艺（见图5-16）。

图5-16　冷压平底锅

拉伸：将待加工的板材（坯料）放在凹模上，用压板对其施加一定的压力，然后利用冲头向下施力，将其拉伸成型。大多数金属容器都是用拉伸方法成型。

折弯：坯料放在凹模上，对凸模施加压力，在凹模与凸模的共同作用下，将坯料折弯成所需要的形状。折弯成型可分为板材折弯和线材折弯。

冲剪：加工时将坯料放在凹模上，对凸模施加冲击力，在凹模与凸模的共同作用下，裁剪掉部分金属，被剪掉的形取决于模具的形状。

（1）冲压的分类

按冲压加工温度分为热冲压和冷冲压。

按冲压的加工功能可分为冲裁加工和成型加工。

热冲压：适合变形抗力高、塑性较差的板料加工。冷冲压可以制出形状复杂、质量较小而刚度好的薄壁件，其表面品质好，尺寸精度满足一般互换性要求，而不必再经切削加工。由于冷变形后产生加工硬化的结果，冲压件的强度和刚度有所提高。但薄壁冲压件的刚度略低，对一些形状、位置精度要求较高的零件，冲压件的应用就受到限制。

冷冲压：在室温下进行，是薄板常用的冲压方法。

冲裁加工：又称分离加工，包括冲孔、落料、修边、剪裁等。

成型加工：是使材料发生塑性变形，包括弯曲、拉深、卷边等。

如果两类工序在同一模具中完成，则称为复合加工。

（2）冲压加工的优点

① 生产效率高，产品尺寸精度较高，表面质量好，易于实现自动化、机械化，加工成本低，材料消耗少，适用于大批量生产；

② 冲压加工生产效率高，成品合格率与材料利用率均高，产品尺寸均匀一致，表面光洁，可实现机械化、自动化，适合大批量生产，成本低，广泛应用于航空、汽车、仪器仪表、电器等工业和生活日用品的生产。

（3）冲压加工的缺点

只适用于塑性材料加工，不能加工脆性材料，如铸铁、青铜等，不适用于加工形状较复杂的零件。

5.2.5 CNC机加工

机加工是机械加工的简称，是指通过机械精确加工去除材料的加工工艺。具体是在零件生产过程中，直接用刀具在毛坯上切除多余金属层厚度，使之符合图纸要求的尺寸、精度、形状表面质量等技术要求的加工过程。例如苹果电脑和消费电子产品多采用金属机加工工艺（见图5-17）。

图5-17　左图：数控加工中心；右图：机加工的iPad机身

机械加工主要有手动加工和数控加工两大类。

手动加工是指通过机械工人手工操作铣床、车床、钻床和锯床等机械设备来实现对各种材料进行加工的方法。手动加工适合进行小批量、简单的零件生产。

数控加工（CNC）是指机械工人运用数控设备来进行加工，这些数控设备包括加工中心、车铣中心、电火花线切割设备、螺纹切削机等。绝大多数的机加工车间都采用数控加工技术。通过编程，把工件在笛卡尔坐标系中的位置坐标（X，Y，Z）转换成程序语言，数控机床的CNC控制器通过识别和解释程序语言来控制数控机床的轴，自动按要求去除材料，从而得到精加工工件。数控加工以连续的方式来加工工件，适合于大批量、形状复杂的零件。

CNC是手板制作的主要设备，加工方式是将铝、铜、不锈钢等各种型号的金属材料以及各种塑料等雕刻成我们所需的实物样件。CNC加工出来的样件成型尺寸大、强度高、韧性好、成本低，已成为手板制作的主流。

CNC的优点：

① 加工精度高，具有较高的加工质量；

② 可进行多坐标的联动，能加工形状复杂的零件；加工零件改变时，一般只需要更改数控程序，可节省生产准备时间；

③ 机床本身的精度高、刚性大，可选择有利的加工用量，生产效率高（一般为普通机床的3～5倍）；机床自动化程度高，可以减轻劳动强度；

④ 批量化生产，产品质量容易控制。

CNC的缺点：

① 对操作人员的素质要求较低，对维护人员的技术要求较高。但其加工路线不易控制，不像普通机床一样直观。并且其维修不便，技术要求较高；

② 工艺不易控制。

5.2.6　焊接

焊接也称作熔接。焊接是一种以加热、高温或者高压的方式接合金属或其他热塑性材料的工艺技术。在许多早期的现代主义大师的家具中常用到这种工艺（见图5-18）。

图5-18　美国著名家具设计师Eames的两把椅子均采用焊接的工艺

焊接的特点：

① 焊接产品比铆接件、铸件和锻件重量轻，对于交通运输工具来说可以减轻自重，节约能量；

② 焊接的密封性好，适于制造各类容器；

③ 发展联合加工工艺，使焊接与锻造、铸造相结合，可以制成大型、经济合理的铸焊结构和锻焊结构，经济效益很高；

④ 采用焊接工艺能有效利用材料，焊接结构可以在不同部位采用不同性能的材料，充分发挥各种材料的特长，达到经济、优质。

5.2.7　金属注射成型

金属注射成型是将金属粉末与其黏结剂的增塑混合料注射于模型中的成型方法。它是先将所选粉末与黏结剂进行混合，然后将混合料进行制粒再注射成所需要的形状。金属注射成形是一种从塑料注射成形行业中引伸出来的新型粉末冶金近净成形技术（见图5-19）。

金属注射成形工艺流程：选取符合MIM要求的金属粉末和黏结剂→混炼→注射成型→脱脂→烧结→后处理。

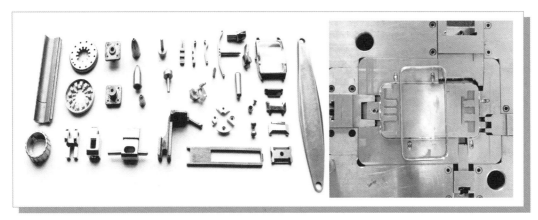

图5-19　金属注射成型的工件

混炼：是将金属粉末与黏结剂混合得到均匀喂料的过程。

烧结：是MIM工艺中的最后一步工序，烧结消除了粉末颗粒之间的孔隙，使得MIM产品达到全致密或接近全致密化。

技术特点：一次成型。制件表面质量好、废品率低、生产效率高、易于实现自动化。对模具材料要求低。

注意事项：由于金属粉末价格、颗粒的大小以及纯度方面的原因，迄今为止，金属注射成型技术尚未得到蓬勃发展，还只局限于单一的材料成型（如低合金钢、不锈钢、氧化铝、钨合金、钛合烧结碳化物等）。MIM产品由于形状复杂，烧结收缩大，大部分产品烧结完成后仍需进行烧结后处理，包括整形、热处理（渗碳、渗氮、碳—氮共渗等）、表面处理（精磨、离子氮化、电镀、喷丸硬化等）等。

5.2.8　3D打印

3D打印即快速成型技术的一种，它是一种以数字模型文件为基础，运用粉末状金属或塑料等可黏合材料，通过逐层打印的方式来构造物体的技术（见图5-20）。

3D的应用：3D打印通常是采用数字技术材料打印机来实现的。常在模具制造、工业设计等领域被用于制造模型，后逐渐用于一些产品的直接制造，已经有使用这种技术打印而成的零部件。该技术在珠宝、鞋类、工业设计、建筑、工程和施工（AEC）、汽车、航空航天、牙科和医疗产业、教育、地理信息系统、土木工程、枪支以及其他领域都有所应用。

3D打印的材料：主要包括聚合物、金属材料、陶瓷、复合材料等。如工程塑料、光敏树脂、橡胶类材料、彩色石膏材料、人造骨粉、细胞生物原料以及砂糖食品材料等。

3D打印的特性：3D打印成本较高。3D打印后的产品往往表面效果不佳，需要再处理。

3D打印的注意事项：3D打印目前适合一些小规模制造，尤其是高端的定制化产品，比如汽车零部件制造。虽然主要材料还是塑料，但未来金属材料肯定会被运用到3D打印中来，未来可应用的范围会越来越广。

图5-20　左图：金属3D打印设备；右图：金属3D打印的工件（图片来源：Fabrisonic公开发布）

CMF

CMF Design Course

第六章

CMF精密陶瓷、玻璃与工艺

6.1　精密陶瓷

陶瓷是一种无机非金属材料，大体分为传统陶瓷（生活陶瓷）和精细陶瓷，这里所介绍的为CMF领域常用到的精细陶瓷（又称先进陶瓷、新型陶瓷、工业陶瓷），其成型及后加工工艺都与传统陶瓷有较大的差异，所以在应用领域上也有较大的不同。传统陶瓷主要指生活中的日用陶瓷，如花瓶、餐具等，这一类陶瓷不在CMF讨论范围。而精细陶瓷却广泛应用于消费电子、智能穿戴等领域（图6-01）。

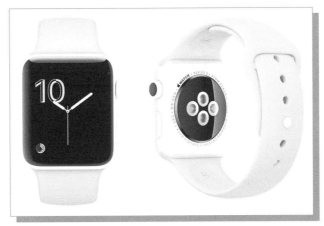

图6-01　苹果手表（Apple Watch Edition2）表壳材料采用的是
白色精密陶瓷（图片来源：苹果企业官方发布）

精细陶瓷是指不直接使用天然矿物原料而采用高度精选的高纯化工产品为原料，经过精确控制化学组成、显微结构、晶粒大小，按照便于进行结构设计及制备的方法进行制造、加工而具有优异特性（热学、电子、磁性、光学、化学、机械等）的陶瓷。精细陶瓷的微观结构具有显著的特征，晶相、玻璃相、气孔三相共存，并均匀分布。

6.1.1　精细陶瓷与传统陶瓷的主要区别

在原料上，突破了传统陶瓷以黏土为主要原料的界限，而一般以氧化物、氮化物、硅化物、硼化物、碳化物等为主要原料，原料的各种化学组成、形态、粒度和分布等可以精确控制。

在成分上，传统陶瓷的组成由黏土的成分决定，所以不同产地和炉窑的陶瓷有不同的质地。由于精细陶瓷的原料是纯化合物，因此成分由人工配比决定，其性质的优劣由原料的纯度和工艺决定，而不是由产地决定。

在制备工艺上，成型上多用等静压、注射成型和气相沉积等先进方法，可获得密度分布均匀和相对精确的坯体尺寸，坯体密度也有较大提高；烧结方法上突破了传统陶瓷以炉窑为主要生产手段的界限，广泛采用真空烧结，保护气氛烧结、热压、热静压、反应烧结和自蔓延高温烧结等手段。

在性能上，精细陶瓷具有不同的特殊性质和功能，如高强度、高硬度、耐腐蚀、导电、绝缘以及在磁、电、光、声、生物工程各方面具有的特殊功能，从而使其在机械、电子、宇航、医学工程各方面得到广泛的应用。

例如华为智能手表选用了领先业界的**3D**陶瓷制备和精加工技术，经多道工序打造出精致的陶瓷表壳，特别是流沙杏陶瓷版采用透明的氧化锆晶体＋离子态特殊稀土，经过高温烧结，变色出粉嫩的杏色，十分别致（图6-02）。

图6-02　华为智能手表表壳材料采用的是精细陶瓷（图片来源：华为企业官方发布）

6.1.2　精细陶瓷类型

精细陶瓷从使用功能来分，可分为结构陶瓷、电子陶瓷和生物陶瓷三大类。

（1）结构陶瓷

结构陶瓷是指具有耐高温、耐冲刷、耐腐蚀、高硬度、高强度、低蠕变速率等优异力学、热学、化学性能，常用于各种结构部件的先进陶瓷材料。结构陶瓷具有优越的强度、硬度、绝缘性、热传导、耐高温、耐氧化、耐腐蚀、耐磨耗、高温强度等特色，因此，在一些特殊的环境或工程应用条件下，能够展示出高稳定性与优异的力学性能，在材料工业上的使用范围正在逐渐扩大，其市场成长性很高。目前主要应用于制造耐磨损的零部件等，如轴承（见图6-03）。

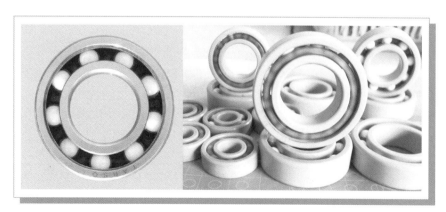

图6-03　陶瓷制造的耐磨损轴承

（2）电子陶瓷

电子陶瓷或称电子工业用陶瓷，它在化学成分、微观结构和机电性能上，均与一般的电力用陶瓷有着本质的区别。这些区别是电子工业对电子陶瓷所提出的一系列特殊技术要求而形成的，其中最重要的是需具有高的机械强度，耐高温高湿，抗辐射，介质常数在很宽的范围内变化，介质损耗角正切值小，电容量温度系数可以调整（或电容量变化率可调整），抗电强度和绝缘电阻值高，以及老化性能优异等。

电子陶瓷具有良好的发展前景，未来的趋势主要在以下几个方面。

首先是技术集成化。在原有工艺的基础上，电子陶瓷材料制备技术与现代新型工艺的复合。其中，多种技术的集成化是电子陶瓷材料制备技术的新发展趋势，比如纳米陶瓷制备技术及纳米级陶瓷原料、快速成型及烧结技术、湿化学合成技术等，都为开发高性能电子陶瓷材料打下了基础。随着多功能化、高集成化、全数字化和低成本方向发展，很大程度上推动了电子元器件的小型化、功能集成化、片式化和低成本及器件组合化的发展进程。

其次是功能复合化。随着信息市场竞争的激烈化，单一性能的电子陶瓷器件逐渐失去了竞争力，利用陶瓷、半导体及金属结合起来的复合电子陶瓷是开发各种电子元器件的基础，它是发展智能材料和机敏材料的有效途径，同时也为器件与材料的一体化提供重要的技术支持。

其三是结构微型化。电子陶瓷材料与微观领域融合在不断深入，其研究范围在不断延展。基于电子陶瓷的微型化和高性能也正在形成，比如在微型化技术和陶瓷的薄膜化的联合运用以生产用于信息控制的高效微装置、电子陶瓷机构和装置尺寸减小的发展趋势，就是微型化技术发展所致。微型化、小型化和片式化是电子元器件研发市场竞争力的重要指标。所以从材料角度提高陶瓷材料的性能和发展陶瓷纳米技术和相关工艺，将成为陶瓷材料及其先进制备技术的重大课题。

其四是环保无害化。

随着人类社会的可持续发展以及环境保护意识的增强，新型环境友好的电子陶瓷将在我们的生活中扮演更为重要的角色和宽广的使用范围（见图6-04）。

（3）生物陶瓷

生物陶瓷是指用作特定的生物或生理功能的陶瓷材料，即可以直接用于人体或与人体直接相关的生物、医用、生物化学等的陶瓷材料。例如大家熟悉的人造陶瓷牙齿就是应用量相当大的生物陶瓷产品。

图6-04　上图：电子陶瓷制造车间；
下图：电子陶瓷工件

作为生物陶瓷材料，需要具备如下条件：生物相容性、力学相容性、与生物组织有优异的亲和性、抗血栓、灭菌性，并具有很好的物理、化学稳定性。这是一种可以替换人体器官的陶瓷材料，发展前景广阔。

生物陶瓷材料可分为生物惰性陶瓷和生物活性陶瓷。

生物惰性陶瓷主要是指化学性能稳定、生物相溶性好的陶瓷材料。如氧化铝、氧化锆以及医用碳素材料等。这类陶瓷材料的结构都比较稳定，分子中的键合力较强，而且都具有较高的强度、耐磨性及化学稳定性。

生物活性陶瓷包括表面生物活性陶瓷和生物吸收性陶瓷，又叫生物降解陶瓷。生物表面活性陶瓷通常含有羟基，还可做成多孔性，生物组织可长入并同其表面发生牢固的键合。生物吸收性陶瓷的特点是能部分吸收或者全部吸收，在生物体内能诱发新生骨的生长。生物活性陶瓷具有骨传导性，它作为一个支架，成骨在其表面进行；它还可作为多种物质的外壳或填充骨缺损。生物活性陶瓷有生物活性玻璃、羟基磷灰石陶瓷、磷酸三钙陶瓷等几种（见图6-05、图6-06）。

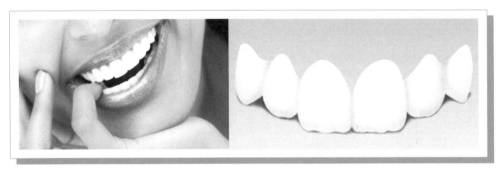

图6-05　人造惰性陶瓷牙齿具有较高的强度和耐磨性

图6-06　左图：具有弹性的生物活性陶瓷材料；右图：人造活性陶瓷骨骼修复材料

6.1.3　精细陶瓷的成型工艺

精细陶瓷的成型工艺原理在许多方面与塑料和金属等成型工艺是类似的，目前常用的工艺有：滚压成型、注射成型、流延成型、注浆成型、挤压成型（挤出成型或挤制成型）、3D打印、发泡成型等。从成型原理与塑料和金属的工艺类似。这里就不赘述。

6.1.4 精细陶瓷的表面处理工艺

精细陶瓷的表面处理工艺目前常用的工艺有：PVD工艺、抛光（包括超声波抛光）、AF、镭雕、烧釉、喷漆、喷砂、蓝宝石镜片镶嵌工艺、NCVM工艺、研磨减薄、光蚀刻、丝印、水转印和贴花纸。精细陶瓷的表面处理工艺原理在许多方面与塑料和金属的表面处理工艺也十分相似，这里亦不赘述。

6.2 CMF玻璃

玻璃和陶瓷一样，是无机非金属材料，应用极为广泛。随着技术工艺的不断发展，玻璃的种类越来越多，逐渐朝着功能性与装饰性一体化方向发展。

CMF中的玻璃非家用门窗玻璃、玻璃杯、玻璃器皿、花瓶、灯具类玻璃，重点是指应用于冰箱、空调、热水器、洗衣机等家用电器的面板用材，即彩晶玻璃；还有应用于手机前盖玻璃及后盖的玻璃用材（图6-07）。

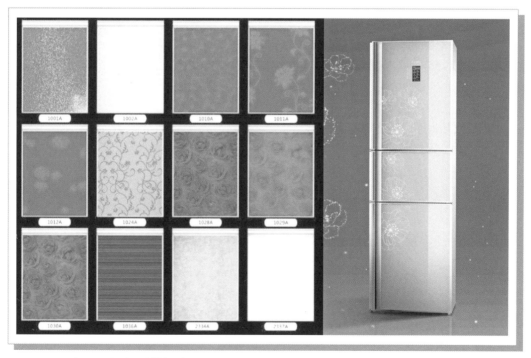

图6-07　左图：彩晶保留材料；右图：采用彩晶玻璃面板的冰箱设计（图片来源：CMF设计军团资料）

CMF应用的玻璃通常是由玻璃加工公司向玻璃原厂采购玻璃原片，然后根据家电类、手机类客户的要求进行裁切整形、弯曲、印刷、喷涂、电镀等深加工，从而成为生活中能看到的玻璃产品。

CMF领域对玻璃的应用并非是将透明玻璃进行裁切直接使用，而是要进行相对复杂的深加工后才能够使用。最初只是在玻璃上丝网印刷或喷绘色彩和纹样，而后引入了腐蚀、拉丝、电镀等不同的工艺，使得玻璃产生更多的视觉效果。

目前玻璃工艺的创新已渗透到玻璃原片上，例如增加了有色非透光质感的玻璃，丰富甚至直接替代丝印工艺，在做电子显示窗口时省去了一层透光油墨的印刷。从手机行业使用玻璃的历史可以清楚地看到玻璃材料与工艺在CMF设计中的发展变化：从印刷纯色到多色印刷、到渐变色、到镀膜、到贴膜、到UV转印、到色带转印、到镭雕、到蚀刻等。

目前玻璃的装饰主要分为两个大类：一类直接在玻璃上做装饰效果（色彩、图案纹理印刷、镭雕和蚀刻到玻璃上）；另外一类则是通过贴膜的方式做装饰效果（将色彩、图案纹理做在薄膜上贴至玻璃上）。

6.2.1 CMF玻璃类型

CMF领域的玻璃按玻璃的性能分，可分为：普通玻璃、强化玻璃、光学玻璃、电子玻璃、防弹玻璃、节能玻璃、磨砂玻璃等。

按玻璃的工艺可分为：

机械加工玻璃（磨光玻璃、喷砂或磨砂玻璃、喷花玻璃、雕刻玻璃）；

热处理玻璃（钢化玻璃、半钢化玻璃、弯曲玻璃、釉面玻璃、彩绘玻璃）；

化学处理玻璃（化学钢化玻璃、毛面蚀刻玻璃、朦砂玻璃、光面蚀刻玻璃）；

镀膜玻璃（吸热玻璃、热反射玻璃、低辐射玻璃、彩虹玻璃、防霜玻璃、防紫外线玻璃、电磁屏蔽玻璃、憎水玻璃、玻璃铝镜、玻璃银镜）；

空腔玻璃（普通中空玻璃、真空玻璃、充气中空玻璃）；

夹层玻璃（PV膜片夹层玻璃、EN胶片夹层玻璃、饰物夹层玻璃、防弹玻璃、防盗玻璃、防火玻璃等）；

贴膜玻璃（防弹玻璃、镭射玻璃、遮阳绝热玻璃、贴花玻璃）；

着色玻璃（辐射着色玻璃、扩散着色玻璃）；

特殊技术加工玻璃（激光刻花玻璃、电子束加工玻璃、光致变色玻璃、电致变色玻璃、杀菌玻璃、自洁净玻璃、防霉除臭玻璃）。

这些都可以成为CMF设计的基础材料。

6.2.2 CMF玻璃的成型工艺

CMF玻璃的成型工艺主要为切割（钻孔）和热弯成型。

（1）切割（钻孔）工艺

CNC数控高精的超硬合金刀切割工艺是CMF领域常见控制玻璃尺寸大小的成型工艺。

所谓CMF玻璃CNC数控切割工艺指的是利用高精数控控制机床或设备的工件指令（或程序），以数字指令形式控制高强度合金切割设备，进行自动切割玻璃，控制玻璃尺寸大小的成型工艺。数控切割技术是传统加工工艺与计算机数控技术、计算机辅助设计和辅助制造技术的有机结合。数控切割由数控系统和机械构架两大部分组成。与传统手动和半自动切割相比，数控切割通过数控系统即控制器提供的切割技术、切割工艺和自动控制技术，能够有效控制和提高切割质量和切割效率（图6-08）。

（2）热弯工艺

热弯工艺是针对平板玻璃材料的二次圆弧弯曲成型工艺，即平板玻璃基材二次升温至接近软化温度时，按需用要求，经模压弯曲变形而成。

玻璃热弯在CMF设计中被大量地应用在手机玻璃盖板、汽车、船舶挡风玻璃、玻璃家具以及电子显示屏等。如果在热弯的同时进行钢化处理就是热弯钢化玻璃，例如家用电器中电饭煲的玻璃锅盖就属于此类（图6-09）。

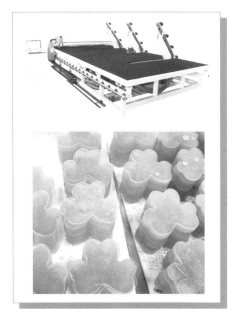

图6-08　左图：数控玻璃切割机；
右图：数控玻璃切割机切割的工件

图6-09　左图：玻璃热弯设备；中图：热弯汽车玻璃；右图：热弯手机玻璃

玻璃热弯的流程：热弯模具（一般为石墨模具）的设计、选择、成型等→模具清洗→2D玻璃放入石墨模具中→热弯（一般包括预热工站、成型工站、冷却工站）→3D曲面玻璃产品（后续工艺还要钢化、装饰等）。

玻璃热弯的优点：通过热弯工艺制造的3D玻璃拥有出色的手感、极高的颜值，并且轻薄、洁净。随着产业的进步发展，3D玻璃热弯良率在不断提升中；工艺的成本在逐渐降低。

玻璃热弯的缺点：产品尺寸精度差，玻璃易炸裂，表面容易出现压痕、凹凸点，模具要求较精密。

6.2.3　玻璃对应的表面处理工艺

玻璃表面处理工艺与塑料和金属的表面处理工艺基本相同。玻璃表面处理工艺的目的一方面是丰富和美化玻璃表面，另一方面是增加玻璃的耐用性。目前主要的玻璃表面

图6-10　彩绘玻璃杯

处理工艺有：移印、丝网印刷、喷墨印刷、热转印、UV转印、PVD、AG蚀刻、AF、AR、抛光、膜片贴合和钢化，还有一些CMF玻璃表面工艺常用的工艺，如彩绘、喷砂和蚀刻、彩色釉面、雕刻和镀膜等。

（1）彩绘

彩绘玻璃又称为绘画玻璃，是一种可为门窗提供色彩艺术的透光材料。一般是用特殊釉彩在玻璃上绘制图形后经过烤烧制作而成，或在玻璃上贴花烧制而成，制作方法有点像陶瓷（图6-10）。

（3）喷砂和蚀刻

喷砂和蚀刻是用4～7kg/cm^{2}的高压空气将金刚砂等微粒喷吹到玻璃表面，使玻璃表面产生砂痕，它可以雕蚀出线条、文字以及各种图案，不需加工的部位用橡胶、纸等材料作为保护膜遮盖起来。如果在喷砂玻璃（全部喷砂）的基础上再进行浸酸烧结，就会得到毛面蚀刻玻璃，也叫冰花玻璃（图6-11）。

（3）彩色釉面

彩色釉面是在平板玻璃的一个侧面烧结上无机颜料，并经过热处理后制成的一种不透明的彩色玻璃。根据不同的颜料，可生产出不同色彩效果的釉面玻璃。单一色彩可用于门窗，多彩的彩釉玻璃（又叫花岗岩玻璃或大理石玻璃）可用于建筑内外墙或地面（图6-12）。

图6-11　左图：玻璃喷砂设备；
左下图：花纹喷砂玻璃；右下图：普通喷砂玻璃

图6-12　上图：彩釉玻璃
构造示意；下图：使用场景

（4）雕刻

人类很早就开始采用手工方法在玻璃上刻出美丽的图案，现已采用电脑数控技术自动刻花机加工各种场所用高档装饰玻璃（图6-13）。

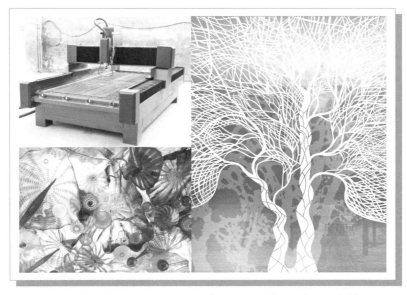

图6-13　左上图：数控玻璃雕刻机；左下图：玻璃手工雕刻作品；右图：玻璃机器雕刻作品

（5）镀膜

镀膜是在玻璃的一个或两个表面上，用物理或化学的方法镀上金属、金属氧化物等的表面处理工艺。不同的膜层颜色和对光线的反射率不同，使用镀膜玻璃装饰性增强，阳光入射控制性好，合理使用能够提高产品的综合品质和外观效果。目前镀膜玻璃有：镀银、镀铝、镀硅的镜面玻璃、热反射膜镀膜玻璃、低辐射镀膜玻璃、防紫外线镀膜玻璃、防电磁膜镀膜玻璃、防水镀膜玻璃、光致变色和电致变色调光玻璃、自动灭菌玻璃、自洁净玻璃等（图6-14）。

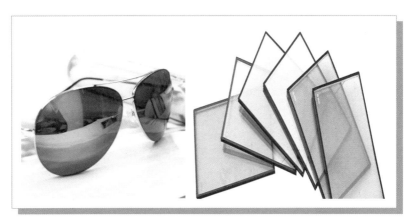

图6-14　左图：玻璃镀膜太阳镜；右图：镀膜夹层平板玻璃

第七章

CMF装饰材料与产品
表面处理工艺

装饰材料与表面处理工艺是指为了产品外观的美学和品质感需求，覆着（依附）在基础材料表层的外观材料和表面工艺。通俗地说，装饰材料和表面工艺是产品结构材料的衣服，目的是增加产品的美学形象和外观品质，以满足消费者更高的情感需求和耐用需求。

装饰材料一般分为"膜材""化工涂层材"和"纺织面料"等。而与之相关的表面工艺一般分为"通用工艺"和针对某种材料的"特定工艺"。不过许多装饰材料其实是材料也是工艺，两者之间是无法分割的关系，例如膜材类。这里为了学习方便，我们刻意地对材料与工艺进行分开介绍，其实这并不准确大家不要误解。就产品外观的表面装饰和保护而言，除了可以附加装饰材料外，也是可以根据产品基本材料，通过选择合理的表面处理工艺来实现，例如珠光塑料、金属抛光和拉丝等（见图7-01）。

图7-01　通过表面工艺使产品基本材料产生的装饰效果；
左图：珠光塑料工艺；中图：不锈钢抛光工艺；右图：金属拉丝（图片来源：刘锐拍摄）

由于目前的CMF设计领域主要集中在汽车、手机、家用电器、消费电子、生活用品和家装等行业，所以产品的基材相对集中在塑料、金属和玻璃三大类，因此这里我们介绍的表面处理工艺基本是围绕这三大类材料展开的，特此说明。

7.1　CMF装饰材料

CMF的装饰材料主要分为膜材、涂料、油墨、染料、纺织面料、皮革、板材、装饰纸和耗材。下面逐类进行介绍。

7.1.1　膜材

膜材指的是塑料薄膜，在CMF行业俗称装饰膜。膜材是一种常用的表面装饰材料或工艺。薄膜常见的基材如PC（聚碳酸酯）、PP（聚丙烯）、PET（聚对苯二甲酸乙二醇酯）、TPU（热可塑性聚氨酯）、PVC（聚氯乙烯）、PMMA（有机玻璃）、PVDF（聚偏氟乙烯）、PTFE（聚四氟乙烯）等，薄膜生产常用的是挤出成型或压延成型工艺。

膜材广泛应用于产品包装和产品表面装饰。在CMF设计中，膜材的应用主要是对于产品基材不便于直接做表面装饰的情况，借助薄膜的优势，实现想要的色彩、图案纹理和触感等。在具体的工艺中可以根据需要实现保留薄膜或不保留薄膜，给设计师提供了更大的创新自由度。膜材成本低，工艺操作便利，可以模拟玻璃、陶瓷、金属、木头、石材等不同效果，目前广泛应用于建筑、汽车内饰、家电及手机盖板等领域（见图7-02）。

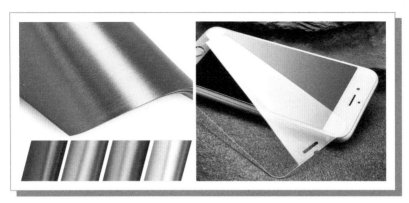

图7-02　左图：汽车膜材；右图：手机水晶膜（图片来源：刘锐拍摄）

膜材除了具备美好外观作用外，还可起到抗菌、抗紫外线、抗磨损、抗刮花等产品外观保护作用。薄膜使用自由和多样，可以是透明的，也可以是带色的，可以是单层，也可以是多层。目前按照行业分类的膜材有家电膜、汽车膜、手机膜、家装膜、笔记本电脑膜等（见图7-03）。

图7-03　左图：汽车镜面膜；右上图：汽车亚光膜；右下图：珍珠棉复铝箔膜（图片来源：刘锐拍摄）

家电膜有彩膜（ACM、PEM、PPM、VCM）、膜内装饰IMD、膜外装饰OMD等。
手机膜有IMT、IML、IMR、防爆膜、防爆+装饰膜等。
汽车常用膜如IME、IMD、OMD、INS等。
家具常用膜如木纹装饰膜等。
按照加工工艺分类，膜材有烫金膜（烫印工艺）、彩膜（贴合工艺）、膜内装饰膜

（注塑工艺）、膜外装饰膜（包覆工艺）、热转印膜（热转印工艺）、水转印膜（水转印工艺）等。薄膜的表面加工工艺有UV转印、压印、丝印、辊印、胶印、凹印、色带转印、喷涂、喷绘、拉丝、电镀、真空镀铝等。薄膜常见纹理有同心圆、发丝纹、散射纹、CD纹、图案、皮革纹、透明、带磨砂、镜面感等效果（见图7-04）。

图7-04　各类膜材样片（图片来源：CMF设计军团）

7.1.2　涂料

涂料是指用来涂覆在产品表面的材料，一方面起到美化产品的作用，另一方起到保护或改善产品面材性能，也就是大家熟知的油漆（粉末涂料）等。

涂料一般由四个部分组成：成膜物质（树脂、乳液）、颜料（包括体质颜料）、溶剂和添加剂（助剂）。涂料在我们生活中随处可见，几乎无处不在，例如汽车的面漆、家用电器表面的喷涂等（见图7-05）。

涂料按产品的形态来分，可分为液态涂料、粉末型涂料、高固体分涂料。

涂料按成膜物质分，可分为天然树脂类漆、酚醛类漆、醇酸类漆、氨基类漆、硝基类漆、环氧类漆、氯化橡胶类漆、丙烯酸类漆、聚氨酯类漆、有机硅树脂类漆、氟碳树脂类漆、聚硅氧烷类漆、乙烯树脂类漆等。

涂料按基料的种类分，可分为有机涂料、无机涂料、有机-无机复合涂料。

有机涂料由于其使用的溶剂不同，又分为有机溶剂型涂料和有机水性（包括水乳型和水溶型）涂料两类，生活中常见的涂料一般都是有机涂料。

无机涂料指的是用无机高分子材料为基料所生产的涂料，包括水溶性硅酸盐系、硅溶胶系、有机硅及无机聚合物系。

图 7-05　左图：液态汽车漆；右图：UB 牌灌装汽车漆（图片来源：企业公开发布）

有机-无机复合涂料有两种复合形式：一种是涂料在生产时采用有机材料和无机材料共同作为基料，形成复合涂料；另一种是有机涂料和无机涂料在装饰施工时相互结合。

油漆是最常见、应用最广泛的一种涂料，在汽车、建筑、家居等行业使用广泛。行业里提及涂料，一般指的就是油漆。如今涂料正朝着环保的方向发展，如低挥发性有机化合物和水性涂料等。

金属粉末涂料是一种含有金属颜料的粉末涂料，一般涂装的方式采用静电喷枪，具备优异的涂覆性能，并具有较好的环保性（见图 7-06）。

图 7-06　左上图：金属粉末涂料效果；左下图：金属粉末涂料原料；
右上图：金属粉末涂料色版；右下图：彩色粉末涂料原料（图片来源：刘锐拍摄）

7.1.3　油墨

严格意义上来说，油墨属于涂料的一种。但是从 CMF 设计及产业角度，我们常常把油墨单独进行描述。因为油墨与涂料在应用上存在较明显的差异。油墨主要应用于印刷、喷绘等工艺，特别是手机和家电等行业应用非常广泛。

油墨一般由色料和连接料组成，其中颜料是色料也是油墨材料的主要组成成分之一，赋予油墨不同的颜色和色彩浓度，并使油墨具有一定的黏稠度和干燥性。一般我们是通过颜色性、流变性质（细度、分散度）、干燥性、耐光性、耐化学性等性能来评价油墨的优劣。油墨可以直接印刷在塑料等基材表面作为色彩，也可以印刷在薄膜上制作成包装薄膜、装饰薄膜等（见图7-07）。

图7-07　左图：CMYK油墨；中图：德国油墨；右图：油墨色纸

从印刷工艺类型分，可分为凸版油墨、凹版油墨、平版油墨、网孔版油墨。从溶剂类型分，可分为树脂型油墨、溶剂型油墨、水性油墨、UV固化油墨。

不同行业有自己特有的油墨类型，例如在手机行业常用的油墨有镜面银油墨、3D曝光显影油墨、3D后盖喷涂油墨、UV油墨、CNC/丝印过程保护油墨、复合板/PET菲林油墨等。

7.1.4　染料

染料是指能使其他物质获得鲜明而牢固色泽的一类有机化合物。由于现在使用的颜料大都是人工合成的，所以也称为合成染料。

染料和颜料一般都是自身带有颜色的化合物，并能以分子状态或分散状态使其他物质获得鲜明和牢固的色泽。染料一般常用于纺织类等产业，而在手机行业中也有通过浸染工艺让塑胶类手机外壳获得色彩（见图7-08）。

图7-08　染色塑料手机保护套

染料从形态分可分为水性色浆、油性色浆、水性色精、油性色精；从用途分可分为陶瓷颜料、涂料颜料、纺织颜料、塑料颜料；从来源分可分为天然染料、合成染料。

目前常见的染料有直接染料、活性染料、硫化染料、分散染料和酸性染料。

（1）直接染料

这类染料因不需依赖其他药剂而可以直接染着于棉、麻、丝、毛等各种纤维上而得名。它的染色方法简单，色谱齐全，成本低廉。但其耐洗和耐晒牢度较差，如采用适当后处理的方法，能够提高染色成品的牢度（见图7-09）。

图7-09　左图：由蓝草制成的天然直接染料；右图：染成的布料

（2）活性染料

又称反应性染料。这类染料是20世纪50年代才发展起来的新型染料。它的分子结构中含有一个或一个以上的活性基团，在适当条件下，能够与纤维发生化学反应，形成共价键结合。它可以用于棉、麻、丝、毛、黏纤、锦纶、维纶等多种纺织品的染色（见图7-10）。

图7-10　左图：活性印染花布；中图：印染后处理车间；右图：活性色染布

7.1.5　纺织面料

纺织面料主要指通过纺织形式制成的面料。在CMF设计领域面料重点应用于汽车、消费电子、生活用品、家居用品领域。纺织用的纤维有天然纤维（植物纤维、动物纤维、矿物纤维，如棉麻、羊毛、石棉等）和非天然纤维（再生纤维、合成纤维、无机纤维，如锦纶、涤纶、腈纶、氨纶、莱卡、玻璃金属纤维等）组成。

面料在交通工具中的应用主要是座椅、门板、头枕、扶手、衣帽架、门立柱等汽车内饰。而消费电子产品中主要应用于喇叭布、音箱布、音箱网、声学织物等方面。纺织面料从工艺类型的角度可分为机织类、针织类（经编、纬编）。

（1）机织类

也叫梭织面料（Woven Fabric），以投梭的形式，将纱线通过经、纬向的交错而组成，特征是结构稳定，面料平整（见图7-11）。

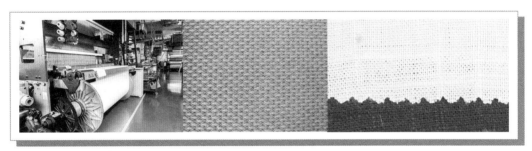

图7-11　左图：机织布车间；中图：化纤机织布；右图：亚麻机织布（图片来源：刘锐拍摄）

（2）针织类

针织面料（Knitted Fabric），织针将纱线弯曲成圈并相互串套而形成的织物，特征是延展性、弹性好。针织可分为经编、纬编（见图7-12）。

图7-12　左图：针织布车间；中图：针织化纤布；右图：针织棉布（图片来源：刘锐拍摄）

经编：沿着成布方向的纱线（经纱）左右绕结，特征结构稳定、弹性小。

纬编：垂直成布方向的纱线（纬纱）上下绕结，特征弹性好，结构不稳定。

其中直径固定的编织称之为圆机（圆筒）织造，这种方式速度快、产量大；直径非固定的编织称之为横机（毛衣）织造，这种方式相对圆机速度慢、产量低。

纺织面料的成型工艺包括纺丝、织造、染色、功能整理、复合和裁剪。

纺织面料对应的表面处理工艺有印花（通过染料或颜料在纺织面料上印制图案纹理）、压花（进行单层、多层、带坡度、带斜度的立体压花）、激光雕刻（即镭雕技术）、贴塑（即高频焊接技术，将塑料与面料相结合）、绗缝（通过缝线的绗缝来实现图案纹理，营造3D立体感等）、涂层（如阻燃涂层、硬挺涂层、耐磨涂层等）和浸轧（如防水、防油、防污、抗静电、阻燃等类型）。

7.1.6 皮革类

皮革中的皮是指动物未经加工的生皮，革则是生皮经过鞣制后成为革。皮革主要包含天然皮革、人造皮革。在CMF设计行业，皮革常用于汽车、箱包、鞋帽、服装、家具等行业（见图7-13）。

图7-13 左上图：牛皮样片；左下图：牛皮鞋；
右上图：牛皮包；右下图：牛皮座椅（图片来源：企业公开发布）

（1）天然皮革

天然皮革主要来源于动物的皮。根据动物不同有牛皮、猪皮、羊皮、鹿皮、虎皮、鳄鱼皮等。如今许多皮革的生产过程还是沿用了传统的手工工艺，例如摩洛哥的牛皮生产（见图7-14）。

图7-14 左图和右上图：牛皮染色；右下图：牛皮制革（图片来源：CFP）

根据动物皮层不同，有头层皮、二层皮。在头层牛皮中，按照表面处理的程度分为粒面皮、半粒面皮、修面皮。

天然真皮革的制作流程为：原皮→鞣制→蓝湿皮&白湿皮→复鞣→皮胚→涂饰→成品。鞣制的概念是将生皮永久转化为不易腐烂且稳定的材料；复鞣的概念是赋予皮革颜色、柔软度、手感；涂饰的概念是提升坯革性能，如耐用、耐光、抗污、外观效果等。

（2）人造皮革

人造皮革为人工合成的材料，是在纺织布或无纺布的基础上，由PVC、PU、PE等材料制作而成。在CMF行业亦可称之为仿皮、胶料、合成革。一般情况下，人造皮革可分为三大类：人造革、合成革、超纤革。人造革包含了涂层革、压延革、半PU革；合成革包含了干法合成革、湿法合成革；超纤革主要是指超细纤维PU合成的革。天然牛皮和人造超纤革在汽车行业应用居多，超纤人造革在3C行业也较为流行，因此是CMF设计师需要重点关注（见图7-15、图7-16）。

图7-15 左图：压皮纹人造革。中图：仿真皮质感人造革；
右图：PVC高亮人造革（图片来源：刘锐拍摄）

图7-16 新型人造革双肩包（图片来源：刘锐拍摄）

7.1.7 板材类

板材外形扁平，宽厚比大，单位体积的表面积也很大，这种材料的外形特点带来板材在使用上表面积大、可任意剪裁、弯曲、冲压、焊接等特点，故使用广泛。在CMF设计中主要涉及的板材品种有彩板和压花板（见图7-17）。

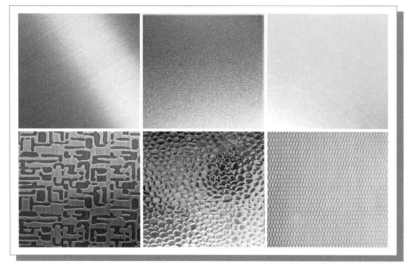

图7-17　上左图：拉丝不锈钢板；上中图：喷砂不锈钢板；
上右图：镜面腐蚀纹不锈钢板；下图为不锈钢压花板（图片来源：刘锐拍摄）

彩板，为彩色涂层钢板，简称为彩钢板，根据复合工艺及材料结构、工艺的不同，家电彩钢板可分为：预涂板（PCM）、覆膜板（VCM）、彩板（PPM）、UV涂布（UCM）、打印板（DCM）和压花板。

彩钢板在家用电器的设计中应用得非常广泛，例如冰箱的门壳和侧板（U壳）、冷柜侧板、热水器的外筒、电视的背板、洗衣机的围板、空调的侧板和外挂机等等家电类产品。

随着CMF设计师的不断关注，彩钢板使用的范围还在不断拓宽，例如船舶游艇的内饰件，小家电领域中的豆浆机、电取暖器、电饭煲等，未来随着家用彩钢板的开发技术升级和客户的个性化需求，彩板的品种将越来越多样化、功能化，势必会应用到更广泛的领域（见图7-18）。

图7-18　彩钢板在小家电领域的应该案例（图片来源：企业公开发布）

（1）预涂板PCM（Pre-Coated Metal Steel）

PCM即彩色预涂钢板，为热镀锌基板上的连续辊涂装饰。PCM是第一代彩板产品，就是在金属基板上进行预先涂装，即在金属表面喷涂油漆和印刷图纹。PCM彩板具有色彩丰富、图纹丰富、生产效率高、周转速度快、环保无污染的优点。

但是预涂板的相对平整度较覆膜板差，且颜色效果比较单一，所以不适用于高档面板。PCM最初用于替代木质百叶窗，而后拓展到建筑外墙、室内装饰、交通运输及家电外装等行业，如冰箱面板、冰箱侧板、洗衣机等产品。目前在传统PCM彩板的基础上，现已研制开发出导电PCM彩板及辊涂工艺的砂面PCM彩板等全新产品。

（2）覆膜板（有VCM和PEM两种）

① VCM覆膜板。VCM覆膜板指的是PET/PVC贴膜彩色钢板，基材通常是镀锌板，表面进行涂敷（辊涂）或粘结有机薄膜并烘烤处理后的一种彩板产品。由于VCM产品即在金属表面复合了PET/PVC薄膜，又称PET/PVC贴膜彩色钢板。

VCM覆膜板具有靓丽的外观及优异的加工性、表面装饰性、耐腐蚀性、耐刮伤性等，可实现低光到高光的不同效果，表面的膜材具备可印刷等特殊处理的特性，可表现出多种色彩、图案纹理、触感纹理效果，目前已广泛适用于冰箱、洗衣机等家电产品，成为豪华与时尚的代名词。VCM目前所用的PVC膜有光亮膜和哑光膜。光亮膜是指表面光泽度较高的膜，是在PVC膜表面再复合了一层PET膜，其本身就是一种复合膜；哑光膜是指表面光泽度较低的膜，膜整体为PVC材质，在其表面有一些压纹等纹理效果（见图7-19）。

图7-19　左图：热镀锌基板；右图：VCM覆膜板成品（图片来源：天津庆恒达企业公开发布）

② PEM覆膜板。是VCM彩板的环保升级换代产品，该产品去掉了VCM的PVC层，保留PET层。PEM融合传统辊涂PCM和覆膜VCM的优点，结合自身工艺特色，成为第三代家电彩板。PEM不仅具备VCM靓丽的外观和优秀的装饰效果，而且完全不含PVC，是真正意义上的绿色板材（见图7-20）。

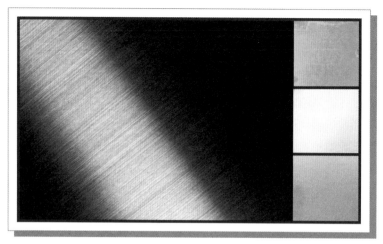

图7-20　PEM覆膜彩板样片（图片来源：刘锐拍摄）

（3）PPM彩板（Printed Pre-coated Metal Sheet）

PPM彩板是第四代全新型彩色钢板，为辊涂彩板，涂覆次数可达到两涂两烘甚至三涂三烘，外观效果不再局限于单色，可根据需求印刷做出丰富的外观效果。该产品几乎同时兼备了外观与品质以及成本优势，应用较为广泛，它将钢铁、化工及印刷技术三种科学技术融合在一起。PPM不仅具有华丽的外观和优异的品质，可以实现丰富图案效果的同时又能保证产品防腐性能，同时具有良好的表面抗划伤性和高硬度性能，有效地解决了冰箱等发泡产品发泡压痕等历史问题，满足现代环保要求。

（4）ACM彩板

ACM产品是一种新型复合彩板，是将PET与AL合金铂复合后与钢板进行层压而成，外观金属质感非常强烈。这种板材金属感的增强直接提升家电外观的品质感，比较适合应用于高档家电产品的外观设计上（见图7-21）。

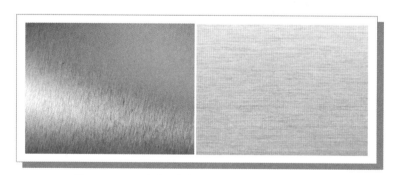

图7-21　ACM复合彩板样片（图片来源：刘锐拍摄）

（5）压花板

压花板是将覆膜板（VCM/PEM）或预涂板（PCM）通过压花工艺改变其力学性能，提高其结构强度的一种新型的复合材料。这种板材一方面在保持同等强度下有效降低材料的使用厚度，同时保留了覆膜板和预涂板优异的装饰效果。

压花轧制在板上的凹凸深度因图案设计要求而不同，普遍的凹凸深度约在20～30微米之间。基材多为201、202、304、316等不锈钢板。主要的优点是耐看、耐用、耐磨、装饰效果强、视觉美观、品质优良、易清洁、免维护、抗击、抗压、抗刮痕及不留手指印。主要适用于装饰电梯轿厢、地铁车厢、各类舱体、建筑装饰装潢、金属幕墙等。

目前市场上主要的品种有珠光板、小方格纹、菱形方格纹、仿古方格纹、斜纹、菊花纹、冰竹纹、砂光板、立方体、自由纹、石纹板、蝶恋花、编竹纹、小菱形、大椭圆、熊猫纹、欧式花纹、元宝、麻布纹、大水珠、马赛克、木纹、万字花、万福临门、如意云朵、方格纹、彩花纹、彩圆圈纹等（见图7-22）。

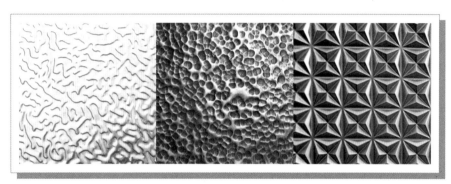

图7-22　金属压花板样片（图片来源：刘锐拍摄）

7.1.8　装饰纸

装饰纸是通过在纸张上印刷呈现各种颜色或纹理，经贴附到板材表面，提高板材的装饰性和耐用性的表面材料。也有直接在原纸配方中加入色素呈现颜色的单色装饰纸（即不印刷）。

装饰纸主要分为保丽纸、油漆纸和三聚氰胺浸渍纸。

① 保丽纸是一种只印刷不浸胶的装饰纸。这种纸不具耐磨性，所以一般是贴附后需要进行漆面处理（见图7-23）。

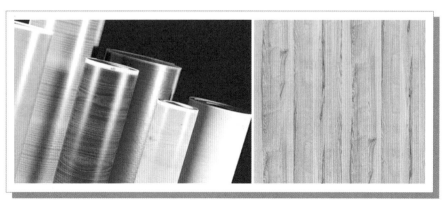

图7-23　保丽纸样品（图片来源：刘锐拍摄）

② 油漆纸是一种表面处理过的装饰纸，这种纸出厂后无需浸渍、无需压钢板肌理，可直接贴附于板材表面，适用平贴或包覆工艺（见图7-24）。

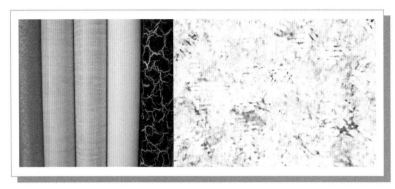

图7-24　油漆纸样品（图片来源：刘锐拍摄）

③ 三聚氰胺浸渍纸是一种先印刷，再浸胶，最后钢板压贴的纸。这种纸仅适用平贴工艺使用（见图7-25）。

图7-25　三聚氰胺浸渍纸样品（图片来源：刘锐拍摄）

7.1.9　复合材料类：碳纤维、凯夫拉

复合材料是指两种以上材料重叠复合为一体的材料，复合材料的意义在于弥补一种材料的不足，发挥不同材料的特性，达到扬长避短的作用。

比如手机背板复合板——PC + PMMA、碳纤维和凯夫拉等（见图7-26）。

图7-26　左图：采用凯拉夫手机复合背板效果；右图：凯拉夫纤维布（图片来源：刘锐拍摄）

复合材料的定义范围比较广，可以是基础材料也可以是装饰材料。通俗来说就是按照人们的需求，将两种及两种以上不同类型的材料优化，按照一定的比例、形式组合成一种新的材料，这种材料往往具备组成材料的性能特点，在各个领域应用广泛。

7.2　表面处理工艺

CMF设计行业所说的表面处理是指产品表面或材料的表面美学处理和功能改善性处理，主要包括前处理、电镀、涂装、化学氧化、热喷涂等众多物理化学方法在内的工艺方法。

产品在加工、运输、存放、销售和使用等过程中，产品表面会有这样和那样的具体需求，如保持产品外表不受损伤，提升产品外观的美学价值和产品外观的耐用性等。

所以产品外观的表面处理工艺对CMF设计就显得十分重要，较全面地了解和认知材料所对应的表面处理工艺，是CMF设计师保证产品外观美学和质量品质的基础。下面我们汇集了目前在CMF设计行业较为流行的表面处理工艺供大家参考。

7.2.1　模内装饰工艺

模内装饰工艺IMD（In-Mold Decoration）是将已印刷好图案的膜片放入金属模具内，注入树脂与膜片接合，使有图案的膜片与树脂形成一个整体的成型方法（见图7-27）。

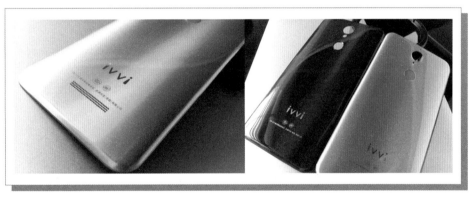

图7-27　采用模内装饰技术的手机背板效果（图片来源：CMF军团）

模内装饰工艺的特点：

① 精美的装饰图文、标识内藏，不受摩擦或化学腐蚀而消失；

② 图文、标识及颜色设计可随时改变，而无需更换模具；

③ 三维立体形状产品的，印刷精度准确，误差±0.05mm；

④ 能提供图文、标识背透光性及高透光性的视窗效果；

⑤ 功能按键凸泡均匀、手感好，寿命可达100万次以上；

⑥ 三维变化，可增加设计者对产品设计的自由度；

⑦ 复合成型加工达到无缝效果。

主要应用于通讯业（如手机按键、镜片、外壳、其他通讯设施的机壳等）、家电业（如洗衣机、微波炉、电饭煲、空调、电冰箱等家电产品的控制装饰面板等）、电子业（电脑、DVD、笔记本等电子产品装饰面壳和标牌等）、汽车业（仪表盘、空调面板、标志、尾灯等装饰零件）。

模内装饰（IMD）工艺的薄膜层材料有优异的综合性能，如抗冲性能、耐化学腐蚀性能、耐磨损性、易成型性和高透明性。

通常模内装饰（IMD）工艺所用到的薄膜层材料一般为聚对苯二甲酸类塑料（PET），但是PET的成型性差，延展率低，其薄膜没有办法做成大拉伸的制件。同时，由于PET为冷结晶性材料，在成型过程中，其物料状态要么是固态，要么像流水一样，其热成型属于强迫成型，并且PET薄膜在成型之后变形非常严重，因此PET薄膜只能做模内装饰（IMD）工艺的浅成型制品，这些问题从材料的本身讲是不可克服的。

模内装饰（IMD）工艺主要涉及的材料为片材、树脂、油墨三部分。

聚甲基丙烯酸甲酯（PMMA）作为薄膜层材料，因脆性大而难以成型为大曲率半径和复杂结构特征的薄膜。具有优异综合性能的聚碳酸酯（PC），由于具有均衡的刚性和韧性、吸水率低、尺寸稳定性好、耐热性、耐低温性的优点，成为这一领域很有应用潜力的材料。但聚碳酸酯（PC）存在着易应力开裂、不耐磨损、阻燃性差等缺点，现有的聚碳酸酯共混合金改性虽能使力学性能得到提升，但是却不透明。为了满足上述目的，透明度高、耐热性高、拉伸性能好、延展率高、阻燃性好，改性聚碳酸酯（PC）合金已成为片层的研究热点（见图7-28）。

图7-28　采用模内转印技术的聚碳酸酯（PC）装饰膜（图片来源：CMF军团）

模内装饰（IMD）工艺按照制程及产品结构形状的不同，大致分为：模内贴标IML（无拉伸、曲面小）、模内转印IMR（表面薄膜去掉，只留下油墨在表面）、模内热压IMF（高拉伸产品、3D）三种工艺。

IML（In-Mold Label）简称IML-2D模内贴标制程：贴标设计印刷—将印好的贴标置入模具中—带贴标一起注塑。

IMR（In-Mold Roller）简称IMR-2D模内转印制程：将薄膜放入模具内并定位—合模

后图样转印到产品—打开模具后薄膜剥离—产品顶出。

IMF（In-Mold Forming）模内热压制程：薄膜印刷—热压成型—剪裁—注塑充填。

7.2.2 模外装饰工艺（OMD）

模外装饰（Out Mold Decoration）简称OMD，是视觉、触觉、功能整合展现，是模内装饰IMD延伸出的装饰技术，是一种结合印刷、纹理结构及金属化特性的3D表面装饰技术（见图7-29）。

图7-29　采用模外装饰技术的金属质感膜效果（图片来源：CMF军团）

模外装饰技术OMD分为OMF和OMR。OMF（Forming Film）是指在OMD中，具有包覆膜，需有后段冲切制程。OMR（Release Film）是指在OMD中，薄膜可撕开，避免冲切制程。

7.2.3 喷漆（喷油）

喷漆工艺是指通过喷枪借助于空气压力，分散成均匀而微细的雾滴，涂施于被涂物的表面的一种方法。主要可分为空气喷漆、无气喷漆以及静电喷漆等各式各样的喷漆方法。这种工艺比较普遍，这里不赘述（见图7-30）。

图7-30　喷油样板（图片来源：CMF军团）

7.2.4 喷粉

喷粉是利用电晕放电现象使粉末涂料吸附在工件上。喷粉的过程是：喷粉枪接负极，工件接地（正极），粉末涂料由供粉系统借压缩空气气体送入喷枪，在喷枪前端加有高压静电发生器产生的高压，由于电晕放电，在其附近产生密集的电荷，粉末由枪嘴喷出时，构成回路形成带电涂料粒子，它受静电力的作用，被吸到与其极性相反的工件上去，随着喷上的粉末增多，电荷积聚也越多，当达到一定厚度时，由于产生静电排斥作用，便不继续吸附，从而使整个工件获得一定厚度的粉末涂层，然后经过热使粉末熔融、流平、固化，即在工件表面形成坚硬的涂膜（见图7-31）。

图7-31　喷粉工艺车间照片（图片来源：广汽企业公开发布）

7.2.5　不导电真空镀NCVM

不导电真空镀NCVM（Non conductive vacuum ）是采用镀出金属及绝缘化合物等薄膜，利用相互不连续之特性，得到最终外观有金属质感且不影响到无线通讯传输之效果。首先要实现不导电，满足无线通讯产品的正常使用；其次要保证"金属质感"这一重要的外观要求；最后通过UV涂料与镀膜层结合，最终保证产品的物性和耐候性，满足客户需求。不导电真空镀NCVM又称不连续镀膜技术，是一种起缘普通真空电镀的高新技术。不导电真空镀NCVM可应用于各种塑料材料，如PC、PC+ABS、ABS、PMMA、NYLON、工程塑料等，它更符合制作工艺的绿色环保要求，是无铬（Non-Chrome）电镀制品的替代技术，适用于所有需要表面处理的塑料类产品，特别适用于有讯号收发的3C产品，尤其是在天线盖附近区域，如手机、GPS卫星导航器具、蓝牙耳机等。

不导电真空镀NCVM在使塑料具有金属质感的同时可实现半透光性，即体现金属质感的同时具备光线可穿透性，所以利用透光或半透光特性，可使产品的设计更富变化，外观更为靓丽多姿。

不导电真空镀NCVM技术以其特殊的不导电、金属质感和优良的物性与耐候性，已成为3C企业在电子通讯产品上的重点技术，为塑胶材料表面镀膜实现新价值（见图7-32）。

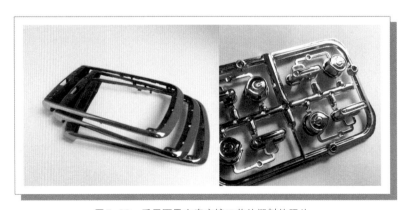

图7-32　采用不导电真空镀工艺的塑料件照片

7.2.6 物理气相沉积（PVD）工艺

物理气相沉积工艺PVD（Physical Vapor Deposition）指的是利用物理过程实现物质转移，将原子或分子由源转移到基材表面上的过程。它的作用是可以使某些有特殊性能（强度高、耐磨性、散热性、耐腐性等）的微粒喷涂在性能较低的母体上，例如塑料，使得母体具有更好的性能。

物理气相沉积工艺PVD的基本方法：真空蒸发、溅射、离子镀（空心阴极离子镀、热阴极离子镀、电弧离子镀、活性反应离子镀、射频离子镀、直流放电离子镀）。

物理气相沉积技术工艺过程简单，无污染，耗材少，成膜均匀致密，与基体的结合力强。该技术广泛应用于航空航天、电子、光学、机械、建筑、轻工、冶金、材料等领域，可制备具有耐磨、耐腐蚀、装饰、导电、绝缘、光导、压电、磁性、润滑、超导等特性的膜层。

真空离子镀膜PVD工艺是当前国际上广泛应用的先进的表面处理技术。其工作原理就是在真空条件下，利用气体放电使气体或被蒸发物质部分离化，在气体离子或被蒸发物质离子轰击作用的同时把蒸发物或其反应物沉积在基材上。它具有沉积速度快和表面清洁的特点，特别具有膜层附着力强、可镀材料广泛等优点。

真空离子镀膜PVD工艺适合于金属外观处理，颜色均匀一致、耐久的表面，在各种基本的空气和直射阳光环境条件下永久保持良好外观。颜色深韵、光亮。同时经济性好，可减少清洗和擦亮电镀黄铜或金色所必需的时间和成本。使用一块软布和玻璃清洁剂即可清洁干净真空离子镀膜PVD膜层。对环境无害，避免化学中毒和VOC的散发，同时具生物兼容性。

真空离子镀膜PVD膜层具有卓越的附着力，可以折弯90°以上不发生裂化或者剥落（PVD镀膜持有很高附着力和耐久力），是其它的技术，包括电镀、喷涂都不能与其相比的。并且可以蚀刻出任何能够想象出的设计图案。同时具有良好的抗氧化，抗腐蚀，化学性能稳定，抗酸。可镀材料广泛，与基体结合力强。

真空离子镀膜PVD装饰涂层颜色系列丰富，可以在不锈钢、铜、钛锌铝合金等金属上镀制CrN、TiN、TiAlCN、TiCN、TiAlN，呈现金色、黄铜色、玫瑰金色、银白色、黑色、烟灰色、紫铜色、棕色、紫色、蓝色、酒红色、古铜色等颜色。

目前真空离子镀膜PVD技术广泛应用于电子产品、门窗五金、厨卫五金、灯具、海上用品、首饰、工艺品，及其它装饰性制品的加工制造，其在日用五金领域已相当普及，许多世界领先的五金制造商都已开始真空离子镀膜PVD产品的开发和大批量生产。真空离子镀膜PVD丰富的色彩使其非常容易搭配，优异的抗恶劣环境，以及易清洗、不褪色的性能使其深受消费者喜爱。特别是铜色系列涂层，被全世界广泛采用，并用来代替铜及镀铜制品。iPhone X深空灰版不锈钢中框就运用的PVD物理气相沉积工艺（见图7-33）。

图7-33　iPhone X采用PVD物理气相沉积工艺

7.2.7　化学气相淀积CVD工艺

化学气相淀积CVD（Chemical Vapor Deposition）工艺指把含有构成薄膜元素的气态反应剂或液态反应剂的蒸气及反应所需其它气体引入反应室，在衬底表面发生化学反应生成薄膜的过程。在超大规模集成电路中很多薄膜都是采用CVD方法制备。经过CVD处理后，表面处理膜密着性约提高30%，防止高强力钢在弯曲和拉伸成型时产生的刮痕。

气相沉积工艺目前广泛应用于模具硬质涂层、防护涂层、光学薄膜、建筑镀膜玻璃、太阳能利用、集成电路制造、信息存储、显示器件、饰品装饰、塑料金属化和柔性基材的卷绕薄膜产品等方面。

化学气相淀积CVD工艺特点：沉积温度低，薄膜成分易控，膜厚与淀积时间成正比，均匀性，重复性好，台阶覆盖性优良。

制备的必要条件：① 在沉积温度下，反应物具有足够的蒸气压，并能以适当的速度被引入反应室；② 反应产物除了形成固态薄膜物质外，都必须是挥发性的；③ 沉积薄膜和基体材料必须具有足够低的蒸气压（见图7-34）。

图7-34　索尼笔记本外壳采用的就是化学气相沉积工艺

7.2.8　印刷（丝网印、移印、烫印、水转印、热转印等）工艺

印刷（Printing，Graphic Arts，也可使用Graphic Communications即图形传播）是将文字、图画、照片、防伪等原稿经制版、施墨、加压等工序，使油墨转移到纸张、织品、塑料品、皮革等材料表面上，批量复制原稿内容的技术。印刷是把经审核批准的印刷版，通过印刷机械及专用油墨转印到承印物的过程。

（1）丝印工艺

丝网印刷作为一种应用范畴很广的印刷工艺。按照印刷质地材料划分可以分为：织物印刷、塑料印刷、金属印刷、陶瓷印刷、玻璃印刷、电子产品印刷、不锈钢成品丝印、光反射体丝印、丝网转印电化铝、丝印版画和漆器丝印等。

丝网印刷是孔版印刷技术之一，印刷油墨特别浓厚，最宜制作需要特殊印刷效果，且数量不大的印刷需求。丝网印刷可以在立体面上印制，如盒体、箱体、圆形瓶、罐等。可以在多种材料表面印制，如纸张、布料、塑胶、夹板、胶片、金属、玻璃等。丝网印刷的灵活性特点是其他印刷方法所不能比拟的（见图7-35）。

图7-35　左上图：手工丝印；左下图：丝印效果；右图：全自动丝印机

（2）移印工艺

移印，属于特种印刷方式之一，是先将印刷内容印在一种媒介物上，再由媒介物转移至承印物上的印刷方法。它能够在不规则异形对象表面上印刷文字、图形和图像，现在正成为一种重要的特种印刷。例如，手机表面的文字和图案就是采用这种印刷方式，还有计算机键盘、仪器、仪表等很多电子产品的表面印刷，都以移印完成（见图7-36）。

图7-36　移印工作现场和样件

（3）烫印工艺

烫印指在纸张、纸板、织品、涂布类等物体上，用金属烫印版通过加热、加压的方式将烫印箔转移到承印材料表面，将烫印材料或烫版图案转移在被烫物上的加工。烫印加工形式多种，如单一料的烫印、无烫料的烫印、混合式烫印、套烫等。

对于金属基材烫印，则需要通过专有金属烫印膜，或者在基材表面做喷涂后，再进行烫印膜的附着加工。由于烫印箔具备多样性特征，所以同样可将金属基材进行快捷、多样化，并且更加环保地进行表面烫印处理加工，以达到我们的设计初衷（见图7-37）。

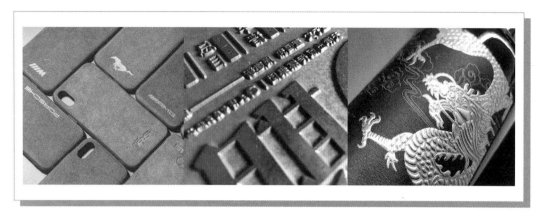

图7-37　左图：烫印手机套效果图片；中图：烫印铜版；右图：纸面烫印效果图片

烫印模和箔是烫印工艺的两个关键组成，烫印模一般由镁、黄铜和钢构成，有的会在金属烫印模表面上使用硅橡胶，烫印模、箔主要包括载体、离型层、保护层和装饰层。

烫印过程包含4个步骤：烫印箔与基材接触—凭借热量和压力—转印层被转印到基材表面上—卸除压力，剥离聚酯薄膜—进给烫印箔，换上将要烫印的承印件。烫印适用于聚合物、木料、皮革、纸张、乙烯基、聚酯薄膜等纺织品，以及不易着色的金属。装饰抗刮擦、耐磨、耐剥落。烫印多用于产品零售和化妆品包装、汽车装饰、消费品装饰和信息标识等。

（4）水转印

水转印是利用水作溶解媒介将带彩色图案的转印纸/转印膜进行图文转移的一种印刷。随着人们对产品包装与装饰要求的提高，水转印的用途越来越广泛。其间接印刷的原理及完美的印刷效果解决了许多产品表面装饰的难题，主要用于各种形状比较复杂的产品表面的图文转印（见图7-38）。

图7-38　左图：水转印工作现场图片；中图：水转印轮毂效果；右图：水转电吹风效果

（5）热转印

转印技术最先是应用于织物热转移印花生产，随着高科技飞速发展，热转印技术应用越来越广泛。从油墨品种分类有热压转印型和热升华转印型。从被转印物分类有织物、塑料（板、片、膜）、陶瓷和金属涂装板等；从印刷方式分类可分为网印、平印、凹印、凸印、喷墨和色带打印等；从承印物分类有热转印纸和热转印塑料膜等（见图7-39）。

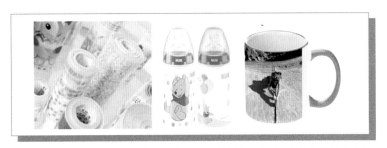

图7-39　左图：热转印膜；中图：水转印塑料奶瓶；右图：热转印陶瓷麦克杯

（6）UMI印刷

三星开创的专业UMI技术是指在玻璃面板上微图刻印，超微级金属涂层，图案精致美观，豪华大气，尽显高贵风范（见图7-40）。

图7-40　左图：UMI细微刻印的三星冰箱门面板；右图：UMI细微刻印样板

7.2.9　PPVD退镀工艺

退镀是一种表面处理新技术，特点是可根据设计的需求对图案中某些部分保留金属质感效果，与镭雕、印刷、烫金、转印等工艺不同，退镀能够在图案范围保留金属质感效果的同时保持平整度，其它的工艺会产生凹凸感。

退镀应用的是感光油墨固化的原理，将要保留的图案部分遮挡，未遮挡的部分除去，保留的部分得到镀层。

退镀实现的图案效果是纳米级的，所以图案效果非常精致，适用于单色和炫色金属图案、标志和花纹（见图7-41）。

图7-41　采用退镀工艺实现的荣耀9手机的品牌标志，十分精致

7.2.10 镭雕

镭雕也叫激光雕刻或者激光打标，是一种用光学原理进行表面处理的工艺。镭雕可以用数控机床，以激光为加工媒介，在激光照射下瞬间将金属材料熔化和气化，从而达到加工的目的。另外也可以通过激光雕刻机使用镭雕技术，将矢量化图文轻松地"打印"到所加工的基材上。该技术优点在于：精密（材料表面最细线宽可达到0.015毫米，并且为非接触式加工，不会造成产品变形）、高效率（可在最短时间内得到新产品的实物，多品种小批量也只需更改矢量图档即可）、可特殊加工（满足特殊加工需求，可加工内表面或倾斜表面）、环保节能（无污染，不含任何有害物质，高于出口环保要求）。

这类镭雕的原理是利用激光器发射的高强度聚焦激光束在焦点处，通过表层物质的蒸发露出深层物质，或者是通过光能导致表层物质的化学物理变化出痕迹或者是通过光能烧掉部分物质而"刻"出痕迹，其实通过光能烧掉的部分，也就是我们所需刻蚀的图形、文字部分。使用激光雕刻和切割，过程非常简单，如同使用电脑和打印机在纸张上打印，唯一的不同之处是，打印将墨粉涂到纸张上，而激光雕刻是将激光射到木制品、亚克力、塑料板、金属板、石材等几乎所有的材料之上（见图7-42）。

图7-42　上图：采用镭雕工艺的手机背壳；下图：镭雕工艺设备工作状态照片

7.2.11 金属电镀

电镀是利用电解原理在某些金属表面上镀上一薄层其它金属或合金的过程。电镀时，镀层金属作阳极，被氧化成阳离子进入电镀液；待镀的金属制品作阴极，镀层金属的阳离子在金属表面被还原形成镀层。为排除其它阳离子的干扰，且使镀层均匀、牢固，需用含镀层金属阳离子的溶液作电镀液，以保持镀层金属阳离子的浓度不变。电镀的目的是在基材上镀上金属镀层，改变基材表面性质或尺寸。电镀能增强金属的抗腐蚀性（镀层金属多采用耐腐蚀的金属），增加硬度，防止磨耗，提高导电性、润滑性、耐热性和表面美观（见图7-43）。

图7-43　左图：金属电镀车标；右图：金属电镀龙头

7.2.12　纳米喷镀

纳米喷镀是一种新型的环保电镀工艺，是一种采用喷涂的工艺做出电镀效果（镀金、镀银、镀铜、镀铬、镀镍、彩镀等）。纳米喷镀是继电镀、真空镀之后的又一项新兴工艺，只需用喷枪直接喷涂，工艺简单而且环保，无三废排放，成本低，不用作导电层。

这种技术广泛适用于金属、玻璃、树脂、塑料、陶瓷、石膏等各种材料。纳米喷镀工艺流程简单，三喷两烤（见图7-44）。

图7-44　左图：纳米喷镀测试样板（轮毂）；右图：纳米喷镀测试样板（玻璃杯）

纳米喷镀优点在于具有电镀效果，具有耐水性、耐腐蚀性、耐酸碱性、耐候性和安全性，并且硬度极佳。

7.2.13 电泳

电泳工艺分为阳极电泳和阴极电泳。若涂料粒子带负电,工件为阳极,涂料粒子在电场力作用下在工件沉积成膜,称为阳极电泳;反之,若涂料粒子带正电,工件为阴极,涂料粒子在工件上沉积成膜,称为阴极电泳。

阳极电泳的特点:原料价格便宜(一般比阴极电泳便宜50%);设备较简单,投资少(一般比阴极电泳便宜30%),技术要求较低,涂层耐蚀性能较阴极电泳差(约为阴极电泳寿命之1/4)。

阴极电泳涂层耐蚀性高的原因:工件是阴极,不发生阳极溶解,工件表面及磷化膜不破坏;电泳涂料(一般为含氮树脂)对金属有保护作用,且所用漆价高质优(见图7-45)。

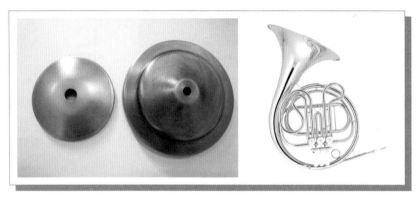

图7-45　左图:电泳古铜色灯座;右图:电泳表面处理的乐曲(圆号)

7.2.14 蚀刻

蚀刻也称光化学腐蚀(photochemical etching)。通过曝光制版、显影后,将要蚀刻纹样区域上的保护膜去除,在金属蚀刻时接触化学溶液,达到溶解腐蚀的作用,形成凹凸或者镂空成型的效果。一般的消费性产品,铝板上的花纹或是文字LOGO常常是蚀刻加工所制作。另外,蚀刻也常常用来制作各式金属喇叭网(见图7-46)。

图7-46　蚀刻工艺案例(网孔)

7.2.15 氧化

氧化包括阳极氧化、微弧氧化等、发蓝（发黑）。

（1）阳极氧化和微弧氧化

阳极氧化是利用电化学原理，在金属的表面生成一层膜。这层氧化膜具有防护性、装饰性、绝缘性、耐磨性等特殊特性。

微弧氧化又称微等离子体氧化，是通过电解液与相应电参数的组合，在铝、镁、钛及其合金表面依靠弧光放电产生的瞬时高温高压作用，生长出以基体金属氧化物为主的陶瓷膜层，具有材料表面硬度高、耐磨性能好、工艺可靠、设备简单、操作方便等特点。

在超声波和微弧氧化组合后的纯铝的氧化过程中，超声波可以起到搅拌溶液的作用，减少金属与电解质溶液界面处的浓度梯度，使电流分布更加均匀，抑制过大电火花的出现，防止局部氧化膜的过快生长；与不加超声波相比，可以减小铝氧化膜厚度，并提高氧化膜抗交流电压击穿值，从而使氧化膜在干燥环境中的交流电击穿强度提高约15%～32%，在潮湿环境中的交流电击穿强度提高约10%～17%。

随着超声波技术的发展，超声波技术越来越多地被应用于材料制备及材料性能改善方面。利用超声波能加速和控制化学反应，提高其反应产率，改变反应历程和改善反应条件，以及引发新的化学反应等。将超声波应用到电镀、阳极氧化等表面处理中的研究较多（见图7-47）。

图7-47　左图：彩色氧化膜铝工件；中图：彩色氧化膜铝型材；右图：iPad mini 机身采用的是氧化铝膜工艺

（2）发蓝（发黑）

钢铁零件的发蓝可在亚硝酸钠和硝酸钠的熔融盐中进行，也可在高温热空气及500℃以上的过热蒸气中进行，更常用的是在加有亚硝酸钠的浓苛性钠中加热。发蓝时的溶液成分、反应温度和时间依钢铁基体的成分而定。发蓝膜的成分为磁性氧化铁，厚度为0.5～1.5微米，颜色与材料成分和工艺条件有关，有灰黑、深黑、亮蓝等。单独的发蓝膜抗腐蚀性较差，但经涂油、涂蜡或涂清漆后，抗蚀性和抗摩擦性都有所改善。发蓝时，工件的尺寸和光洁度对质量影响不大，故常用于精密仪器、光学仪器、工具、硬度块等（见图7-48）。

钢制件的表面发黑处理，也有被称之为发蓝的。发黑处理现在常用的方法有传统的

图7-48 采用发黑工艺的产品，
上图：折叠小刀；下图：自行车踏脚

碱性加温发黑和出现较晚的常温发黑两种。但常温发黑工艺对于低碳钢的效果不太好。A3钢用碱性发黑好一些。碱性发黑细分出来，又有一次发黑和两次发黑的区别。发黑液的主要成分是氢氧化钠和亚硝酸钠。

发黑时所需温度的宽容度较大，大概在135℃到155℃之间都可以得到不错的表面，只是所需时间长短有差别而已。实际操作中，需要注意的是工件发黑前除锈和除油的质量，以及发黑后的钝化浸油。发黑质量的好坏往往受到这些工序的影响。金属"发蓝"药液采用碱性氧化法或酸性氧化法；使金属表面形成一层氧化膜，以防止金属表面被腐蚀，此处理过程称为"发蓝"。黑色金属表面经"发蓝"处理后所形成的氧化膜，其外层主要是四氧化三铁，内层为氧化亚铁。

7.2.16 喷砂

利用高速砂流的冲击作用清理和粗化基体表面的过程。采用压缩空气为动力，以形成高速喷射束将喷料（铜矿砂、石英砂、金刚砂、铁砂、海南砂）高速喷射到需要处理的工件表面，使工件表面的外表面的外表或形状发生变化，由于磨料对工件表面的冲击和切削作用，使工件的表面获得一定的清洁度和不同的粗糙度，使工件表面的力学性能得到改善，因此提高了工件的抗疲劳性，增加了它和涂层之间的附着力，延长了涂膜的耐久性，也有利于涂料的流平和装饰。例如铸造件的表面通过喷砂能使工件露出均匀一致的金属本色，使工件外表更美观。机加工件的表面通过喷砂可以清理毛刺，使工件表面更加平整，在消除了毛刺的危害基础上，提高了工件的档次，并且喷砂能在工件表面交界处打出很小的圆角，使工件显得更加美观、更加精密。与此同时也能改善零件的力学性能，机械零件经喷砂后，能在零件表面产生均匀细微的凹凸面，使润滑油得到存储，从而使润滑条件改善，并减少噪声，提高机械使用寿命。除此之外，喷砂可随意实现不同的反光或亚光。如不锈钢工件、塑胶的打磨，玉器的磨光，木制家具表面亚光化，磨砂玻璃表面的花纹图案，以及布料表面的毛化加工等（见图7-49）。

图7-49 左图：金属喷砂效果样片；
右图：金属喷砂手机壳

7.2.17 咬花工艺

咬花工艺是一种用化学药水如浓硫酸等与钢材表面腐蚀反应处理，形成蛇皮/蚀纹或其它形式的纹路，起到装饰作用的方法。应用范围有模具咬花和产品表面图案咬花（见图7-50）。

图 7-50　咬花工艺样板

7.2.18　抗指纹镀膜AF、防眩光玻璃镀膜AG、增透减反射玻璃镀膜AR工艺

AF、AR、AG是三种镀膜工艺，主要是手机玻璃盖板等产品常见的表面处理工艺。

（1）抗指纹镀膜AF

抗指纹镀膜AF工艺是根据荷叶的原理，在玻璃表面涂上一层纳米化学材料，使其具有较强的疏水性、抗油污、抗指纹等的功能。原理：AF防污防指纹玻璃是根据荷叶原理，在玻璃外表面涂制一层纳米化学材料，将玻璃表面张力降至最低，灰尘与玻璃表面接触面积减少90%，使其具有较强的疏水、抗油污、抗指纹能力，使视屏玻璃面板长期保持着光洁亮丽的效果。

主要特点：① 可以轻松将脏污、手指印、油污等擦拭干净；② 表面更加顺滑，手感更舒服；③ 适用于所有触摸屏上的显示玻璃盖板。AF镀膜为单面，在玻璃的正面使用（见图7-51）。

图 7-51　抗指纹镀膜AF案例（手机膜）

（2）防眩光玻璃镀膜AG

防眩光玻璃镀膜AG工艺是通过化学蚀刻或喷涂的方式，使原玻璃反光表面变为哑光表面（表面凹凸不平的颗粒状），改变玻璃表面的粗糙度，从而使表面产生哑光的效果，达到漫反射的作用。基本原理：通过光的散射和漫反射作用，降低反射而达到防眩晕、防刺眼的目的，以创造清晰透明的视觉空间，从而有更佳的视觉享受。

主要特点：① 当外界的光线反射上去时，就会形成漫反射，从而减少光的反射，达到不刺眼的目的，让观赏者能体验到更佳的感官视觉。② 光泽度越低，它表面的漫射效果就越好，外界眩光的影响就越小。③ AG玻璃有单面和双面，使用的时候AG处理面一定是在最上面。④ 适用于户外显示屏或强光下的显示屏应用居多（见图7-52）。

图7-52　增透减反射玻璃镀膜AR案例（手机膜和行车记录仪膜）

（3）增透减反射玻璃镀膜AR

增透减反射玻璃镀膜AR工艺是通过将玻璃单面或者双面进行光学涂层以后，来降低它的反射率，增加透过率。最大值可以把它的透过率增加到99%以上，将它的反射率控制到1%以下。基本原理：当光从光疏物质射向光密物质时，反射光会有半波损失，在玻璃上镀AR膜后，表面的反射光比膜前表面反射光的光程差恰好相差半个波长，薄膜前后两个表面的反射光相消，即相当于增加了透射光的能量。并且可以通过在玻璃两面同时镀膜来让玻璃的两个面同时减小反射效果。

主要特点：

① 通过提高玻璃的透过率，让显示屏的内容更加清晰地呈现出来，让观赏者享受更舒适、更清晰的感官视觉；

② 适用于高清显示屏、相框、手机及各类仪器的摄像头；

③ AG玻璃表面可再做AR镀膜（见图7-53）。

图7-53　增透减反射玻璃镀膜AR案例（电视膜和手机膜）

参 考 文 献

[1] 邹玉清，周鼎，李亦文.产品设计材料与工艺.南京：江苏凤凰美术出版社，2018.

[2] 王卫军，王靖云，林家阳.色彩构成.北京：中国轻工业出版社，2013.

[3] 吴双全，徐静静，田心杰.新材料新技术在汽车内饰面料中的应用.上海纺织科技，2014：11（42）.

[4] Jeninifer Hudson.PROCESS-50 product design from concept to manufacture.Laurence King Publishing. Co.Ltd，2008.

后 记

　　产品设计中的色彩、材料、工艺和图纹一直是艺术类产品造型设计的学生比较容易疏忽的内容，这些年企业界对CMF设计的重视无疑是在倒逼高等院校的教学应跟上时代的步伐。因此，系统地将CMF设计方法编写成书是为了让艺术类学生在具体产品设计实践中更懂企业和用户的需求，同时为了让艺术类学生更为自然地从设计的角度理解认识材料与工艺，本书尽量去掉了过于工科化的表述方式，运用大量设计案例图片与材料和工艺进行对应说明，具有很好的可读性是本次撰写的匠心。

　　在此感谢参与撰写本书的作者之一黄明富先生，他从CMF设计的专业视角为本书构建了核心框架；感谢另一位作者刘锐女士，高屋建瓴的建议和精心的图片编辑和剪辑，使本书锦上添花。另张聪聪、张兆娟也为本书的编写做了大量工作。没有你们的全力参与就不会有这样的一本具有前瞻性的教程。在此感谢学校的同事们在工作和教学上的全方位支持，让我能够腾出足够的时间来梳理繁杂的资料；在此感谢我的家人在生活上的悉心关怀，使我有充足的精力来完成这本书的撰写。

李亦文

2019年6月于南京